光尘
LUXOPUS

Finding Success, Happiness, and Deep Purpose in the Second Half of Life

From Strength to Strength

中年觉醒

重塑生命与生活的力量

[美] 亚瑟·C. 布鲁克斯（Arthur C.Brooks）著　刘诚 译

中信出版集团 | 北京

图书在版编目（CIP）数据

中年觉醒：重塑生命与生活的力量 /（美）亚瑟 · C. 布鲁克斯著；刘诚译 . -- 北京：中信出版社，2024.5（2024.9 重印）

书名原文：From Strength to Strength

ISBN 978-7-5217-6316-4

I. ①中… II . ①亚… ②刘… III . ①人生哲学－通俗读物 IV . ① B821-49

中国国家版本馆 CIP 数据核字 (2024) 第 020732 号

中年觉醒——重塑生命与生活的力量
著者：　[美] 亚瑟 · C. 布鲁克斯
译者：　刘诚
出版发行：中信出版集团股份有限公司
（北京市朝阳区东三环北路 27 号嘉铭中心　邮编　100020）
承印者：　三河市中晟雅豪印务有限公司

开本：880mm×1230mm　1/32　印张：8.25　字数：160 千字
版次：2024 年 5 月第 1 版　印次：2024 年 9 月第 8 次印刷
京权图字：01–2024–0115　书号：ISBN 978–7–5217–6316–4
定价：59.00 元

服务热线：400–600–8099
投稿邮箱：author@citicpub.com

致我的人生导师

目 录

引　言
飞机上，一个男人改变了我的生命

“没有人再需要你，这么说不对。”

在洛杉矶飞往华盛顿特区的深夜航班上，坐在我身后的一位老妇人怒气冲冲地说。飞机上又黑又静，大部分人不是在睡觉，就是在看电影。我开着笔记本电脑，拼命干活，现在我完全想不起来当时自己在忙什么，但似乎是一件对我的生活、幸福和未来至关重要的事。

一个男人低声回答，他应该是老妇人的丈夫。

接着，老妇人又说：“好了，以后别再整天说自己没用了。”

顿时，我对这对夫妻充满了好奇。我不想偷听他们的对话，但又忍不住。我半带着人类的同情心，半带着社会科学家的职业病，听着他们的谈话。这位丈夫的形象立刻浮现在我的脑海中，特别有画面感：这一生，他在工作上兢兢业业，却又默默无闻；他令世人失望，因为他未能实现梦想——这梦想也许是一项未竟事业，也许是没有考上大学，也许是没能创建一家公司。现在他退休了，像过时新闻一样被世界抛在一边。

飞机落地后，灯开了，我看了一眼这个落寞的男人。看到他的脸我吓了一跳，因为我知道他是谁，他是一位名人、一位大人物，甚至可以说是美国家喻户晓的人物。在20世纪80年代，因其勇敢、爱国精神和了不起的成就，他成了人人拥戴的英雄人物，也是我打小就崇拜的大英雄。

当他从过道经过时，乘客们都认出了他，大家怀着崇敬的心情小声嘀咕着。站在驾驶舱门口的飞行员也认出了他，他说出了我的想法："先生，当我还是个小男孩时，我就很崇拜您！"这位就在几分钟前还说活着没意思的老人，看到自己荣光依旧，立刻笑逐颜开。

我想知道：到底哪一个是他自己？是眼前这位充满喜悦和骄傲的人，还是20分钟前跟他妻子说自己是个废物的那个人？

在接下来的几个星期，我一直都无法摆脱那一幕所带来的认知失调。

那是2012年的夏天，我刚刚过完48岁生日。虽然我不像飞机上的那位先生一样家喻户晓，但我的职业生涯也发展得相当顺利。我是华盛顿特区一家知名智库的负责人，这家智库正蓬勃发展、蒸蒸日上。我出版了一些畅销书，人们愿意听我的演讲。我还为《纽约时报》撰写专栏文章。

8 年前，也就是 2004 年，在 40 岁生日时，我创建了一个职业目标清单，我觉得如果这些目标能够一一实现，我一定无比满足。后来我确实追上或超过了很多人。然而，8 年后的我并不觉得很满足、很幸福。虽然内心的欲望得到了满足，但成功并没有为我带来想象中的快乐。

即使成功确实带来了满足感，但这种满足感可持续吗？如果一周工作 7 天，每天工作 12 个小时（每周工作 80 个小时是我的基本工作状态），到了某个时点，我的行进速度一定会减慢，甚至会停滞。念头一起，我就想个不停。长路漫漫，下一步该怎么走？当回首这一生时，我可不想对一直包容我的妻子埃斯特说“活着没意思”。有没有办法摆脱这种永不停歇的、像仓鼠爬滚轮般的成功诱惑，气定神闲地接受不可避免的事业下行？或者把它变成机会？

尽管这些是我个人所面临的问题，但我决定以社会科学家的身份，把它们当作一个研究项目来研究。当然，这么做有些怪异，就像一个外科医生切除自己的阑尾。但我决意投身其中，在过去的 9 年里，我一直在身体力行地探索，如何将对未来事业下行的恐惧转变为进一步成长的机会。

从我熟悉的社会科学开始，我深入研究了脑科学、哲学、神学和历史学等诸多学科的相关文献。我研读了历史上最为成功的人物的传记，专心研究那些追求卓越的人，采访了数百位领导者，他们中有的是国家元首，有的是五金店老板。

我发现了一个隐秘的痛苦之源，它几乎困扰着所有事业有成的人。我称之为“奋发向上者的诅咒”：那些努力追求成功的人终将发现，自己也会步入可怕的人生下半场。在这个阶段，他们所取得的成就不再令人满意，而是令人失望，他们与他人的人际关系也日益紧张。

好消息是我也发现了摆脱这一诅咒的方法。我有条不紊地为自己的余生制订了一个战略性计划，让自己有机会从容度过人生下半场，它不仅不会让我们失望，还会让我们的人生下半场比上半场更幸福、更有意义。

但我很快意识到，只为自己创建人生计划是不够的，我必须与大家分享我的发现。我所发现的秘密，对任何想过得幸福、目标明确并且愿意为之付出努力的人而言都是可行的。与我们早年试图征服的世界不同，在这里，没有人同我们竞逐战利品，我们都能成功、都能更幸福。这就是我为你们——与我一同奋发前行的伙伴们，写作本书的原因。

当你读这本书时，你可能已经是一位成功人士，一直以来，你都在兢兢业业、呕心沥血、坚韧不拔地追求卓越。(说实话，所有这些努力可能会为你带来不少好运。) 你理应得到很多赞扬和钦佩，也可能你已经得到了。但是，你的理智告诉你，良辰美景奈何天，天下没有不散的筵席，你甚至可能已经看到了人走茶凉的迹象。不幸的是，你从来没有想过筵席会结束，因此，你只有一个策略：硬撑着让筵席不散场。你拒绝改变，并更加努力地工作。

路若是这么走，行路的人肯定很痛苦。在经济学里，有一个定律叫“斯坦定律”，它是以 20 世纪 70 年代著名经济学家赫伯特·斯坦的名字命名的。“斯坦定律”认为，“如果某件事不能永远持续下去，它就会停止。”[1] 其实这是一个显而易见的常识，对吧？但一旦涉及自己的生活，人们往往会对此常识视而不见。如果你也忽视了这一点，你的功成名就将岌岌可危。看不到这一点，你会越走越慢，只能徒劳地对着天空挥舞拳头。

但还有一条路：**与其否认自己在走下坡路，不如让下行本身成为力量的源泉；与其努力避免走下坡路，不如寻找一条新的成功之路来超越它**。这种成功远胜于此前你对世界的承诺，也不会令你神经衰弱和上瘾；与你以前所拥有的幸福相比，它是一种更深层的幸福。在这个过程中，你也许会第一次领悟到生命的真正意义。在本书中，我会告诉你如何走这条路。它已经改变了我的生活，也一定能改变你的生活。

尽管如此，我还想提醒一句：走这条路意味着你将要与自己所秉持的诸多奋斗本能背道而驰。我希望你不要否认自己的弱点，请放下戒备接纳它们。放下那些你一直苦苦追寻的事物，因为现在它们是你前行路上的障碍。拥抱生活中那些令你感到幸福的事物，即使它们没有让你变得与众不同。以更大勇气和信心面对人生下行期，甚至死亡。重建人际关系吧，从前在通往世俗成功的道路上，你一直不在乎它们。接受人生过渡期的不确定性吧，尽管过去你一直在竭力逃避。

学会这些很不容易——教一个奋发向上者学习这些新技巧是很难的！当一个人竭尽全力地为自己的事业奋斗，并取得了世俗意义上的成功，让他接受这些看起来很疯狂的想法并不容易。但我向你保证，学会这些是值得的。我和你，可以一年比一年幸福。

我们可以愈加强大。

第一章
职业下行，比你想象中来得更快

人类有史以来最伟大的五位科学家是谁？宅在互联网角落的书呆子们，总喜欢聚在一起讨论这类问题。但是，不管你对科学了解多少，你的名单上一定会有查尔斯·达尔文。由于彻底、永久地改变了世人对生物学的理解，时至今日，达尔文仍然是科学界不朽的代表人物。达尔文的影响极为深远，自 1882 年他去世以来，他的学术地位仍然无人撼动。

然而，如论及自己的事业，达尔文是死而有憾的。

让我们回顾达尔文这一生。达尔文的父母希望他成为一名牧师，对这一职业，他既无热情，也无天赋。在这方面，他一直表现平平。他热爱的是科学，科学让他幸福、兴奋。1831 年，22 岁的达尔文应邀参加“贝格尔号”环球航行，借此他进行了长达 5 年的科学考察，这是他一生中难得的机会，他曾说：“到目前为止，它是我生命中最重要的事情。”在长达 5 年的科学考察中，他收集了各种珍稀植物、动物标本，并将它们运回英国，这引起了科学家和普罗大众的极大兴趣。

由于这些了不起的成就，达尔文声名鹊起。当 27 岁的达尔文回到家乡时，他所提出的物竞天择理论点燃了知识界的星星之火。这一理论认为，经过一代又一代的进化，物种会变化，并获得适应性，几亿年后，地球上因此出现了各种各样的植物和动物。在此后的 30 年里，达尔文发展自己的理论、出版著作、发表论文，声誉与日俱增。1859 年，达尔文 50 岁，他的代表作《物种起源》出版，这是他人生的高光时刻，这本畅销书解释了物种进化理论，令他声名远扬，并永远改变了科学。

然而，就在这个时候，达尔文的创造性开始停滞不前。他的研究进入瓶颈期，不再有新的建树。恰好也是在这个时候，一位名叫格雷戈尔·孟德尔的捷克修士发现了遗传学理论，这是达尔文展开进一步研究所需的理论。但不幸的是，孟德尔的研究发表在一份不知名的德国学术期刊上，达尔文从未读到过它，而且如前所述，达尔文对课堂学习不怎么上心，缺乏相关的数学或语言技能去理解该理论。此后，尽管达尔文写了很多书，但这些作品却鲜有创见。

在生命的最后几年里，达尔文依旧声誉卓著——事实上，去世后，作为英国的民族英雄，他被安葬在威斯敏斯特教堂——但他对自己的生活越来越不满意，他觉得自己的研究毫无建树，既不能令自己满意，也不能折服他人。“到了这把年纪，即使有意愿，我也没有勇气和精力参与任何一项长期科学考察了。”他坦诚地跟一位朋友说道，“尽管已经拥有一切令我幸福与满足的东西，但我厌倦了这种生活。”[1]

以世俗的标准来衡量，达尔文是成功人士，但以他自己的标准来看，他是失败者。他知道，按照世俗之见，他名利双收，是人生赢家，拥有一切可以令自己“幸福与满足”的东西；但达尔文也承认，对自己而言，声望和财富在当时毫无意义，它们乏善可陈。只有取得往日一样光辉熠熠的成功，他才能重新振作起来，但那时他年事已高，心有余而力不足。因此，当步入事业下行期，他毫无幸福感可言。据说，直到 73 岁去世，达尔文一直郁郁寡欢。

有人说，早年得志，晚年抑郁，并不是人生常态。对此，我想说，事实并非如此。实际上，达尔文步入职业下行期完全是正常现象，而且它来得很准时。如果你像达尔文一样，一直在自己所在行业追求卓越，力争上游，你一定也会面临相同的境遇——职业下行期，比你想象中来得更快。

提前步入职业下行通道，这事儿不会来得那么早？

人们都知道，除非遵循詹姆斯·迪恩①的人生模式——“生亦放纵，死亦匆匆，唯留青春遗容”，否则，人终会衰老、死亡，事业、身体和精神迟早会走下坡路。但很多人可能觉得，这事儿不会来得那么早。人生步入下行通道及其对事业的影响，是遥远的未来才会发生的事情，这是多数人的潜在信念，这种人生态度可以解释各种有趣的调查结果。例如，2009 年，当被问及多大年龄是“老人”时，多数美国人的回答是 85 岁。[2] 美国人的平均寿命为 79 岁，也就是说，他们可能根本活不到 85 岁。

真相是，几乎所有从事高技能型职业的人，在 30 多岁到 50 多岁之间的某个时间点，都会开始步入职业下行通道。抱歉，我知道这么说很多人不爱听。更糟糕的是，一个人在事业巅峰期所取得的成就越高，在下行期的表现往往越差。

显然，你们一定不相信，所以，我们一起来看看证据。

首先看看运动员，这是最明显、最早步入下行通道的职

① 詹姆斯·迪恩，美国男演员，他只活了短短 24 年，却被美国电影学院评为“百年来 25 位最伟大的银幕传奇男星”之一。——译者注

业。20~27 岁，从事爆发力运动、短跑运动的运动员达到巅峰状态，相比之下，从事耐力运动的运动员其巅峰状态会出现得晚一些，即便如此，他们到达巅峰状态时仍然很年轻。[3] 这一点儿也不奇怪，别以为优秀运动员在 60 岁之前仍有竞争力，这是不可能的。为了写这本书，我采访了很多运动员，询问他们的运动能力何时开始下降——在此之前，调查者不会问这个问题，他们中的大多数人都认为是 30 岁，因此，他们得在 30 岁之前找一份新的工作。虽然不喜欢面对这一现实，但他们通常会接受。

至于脑力劳动者，情况就大为不同了——我猜本书的大多数读者都是脑力劳动者。对那些需要思考、运用智力而不需要运动技能、强大体能的从业者来说，他们很少承认，自己会在 70 岁之前步入职业下行通道，他们觉得还早着呢。与运动员不一样，他们不愿意接受现实。

再来看看科学家。美国西北大学凯洛格商学院的本杰明·琼斯教授投入数年时间，研究科学家们何时最有可能完成获奖的科学发现和重要发明。考察了一个多世纪以来的主要发明家和诺贝尔奖得主后，琼斯发现，科学家常常在 30 多岁时做出伟大的发现。他指出，在 20 多岁至 30 多岁这个时间段，科学家做出重大发现的可能性稳步增长，而在 40 多岁、50 多岁及 60 多岁这几个时间段，可能性则急剧下降。

当然，偶有例外。但是，一个人在70岁时做出重大创新的概率和20岁时差不多——约为零。[4]

毫无疑问，诺贝尔物理学奖得主保罗·狄拉克对此感触颇深，就科学家所遭遇的年龄诅咒问题，他写了一首令人心塞的小诗。这首诗的结尾如下：

年过三十，

赖活不如好死。

31岁时，狄拉克获诺贝尔物理学奖，这得益于他20多岁那几年所做的工作。30岁生日时，他已经发现量子场论，早在24岁时，他就在该领域取得剑桥大学博士学位。28岁时，他出版《量子力学原理》，至今人们仍在使用这本教科书。30岁时，他成为剑桥大学的首席教授。此后呢？狄拉克依然是一位活跃的学者，并取得了一些突破。但这些突破和他早年的卓越成就相比完全不是一个量级。于是，他写了这首小诗。

当然，诺贝尔奖得主可能与普通科学家不同。琼斯和另一位作家深入研究了物理学、化学和医学领域的研究人员的数据，他们的研究成果被频频引用、申请专利，获得各种奖项。琼斯发现，与以往相比，这些研究人员产出最佳成果的时间推迟了，主要原因是在过去几十年里，从事尖端科研工作所需的前期知识积累大大增加。然而，自 1985 年以来，物理学家的事业巅峰年龄并没有推迟，依然是 50 岁；化学家的巅峰年龄是 46 岁；药学家的巅峰年龄是 45 岁。过了巅峰年龄，研究人员的创新能力就会急剧下降。

其他知识领域也遵循同样的基本模式。作家步入事业下行通道的时间是 40~55 岁。[5] 金融专业人士做出最好业绩的时段是 36~46 岁。[6] 医生往往在 30 多岁时达到职业巅峰，此后，随着时间的推移，技能水平会下降。[7] 最近，加拿大的一项调查研究了该国 10 年来 80%的患者对麻醉师的诉讼。研究结论是，在医疗事故中，65 岁以上的医生其过失率比 51 岁以下的年轻医生高出了 50%。

说到事业巅峰期，企业家是一个有趣的例子。科技公司创始人往往在 20 多岁就能获得巨大的名气和财富，从 30 岁开始，他们逐渐失去创造力。《哈佛商业评论》报道称，获得 10 亿美元及以上风险投资的企业创始人的年龄，往往集中于 20~34 岁。他们发现，高于这个年龄段的创业者少之又少。也有学者不同意这一发现，他们声称，实际上增长最快的初创企业的创始人平均年龄是 45 岁。[8] 但他们的共识是：人到中年，创业能力会急剧下降。即使按照最乐观的估计，也只有大约 5%的创始人超过 60 岁。

这种模式并不局限于脑力劳动者，警察、护士等职业的技能水平与从业者的年龄显著相关，他们的职业下行期比想象中来得更早。对设备服务工程师和办公室职员来说，35～44岁是他们的事业巅峰期；半熟练的装配工人和邮件分拣工人的事业巅峰期则是45～54岁。[9] 空中交管员的职业能力与年龄关系极为密切，职业技能水平降低所引发错误的后果非常严重，因此，这一行业的强制退休年龄为56岁。[10]

何时步入职业下行期是可以预测的，一位学者建了一个非常精确的模型，来预测特定职业的下行时间。迪安·基思·西蒙顿是加州大学戴维斯分校的心理学教授，他研究了创造性职业的职业下行模式，并建模预测普通人职业技能的变化。他将数据拟合成如图1所示的曲线。

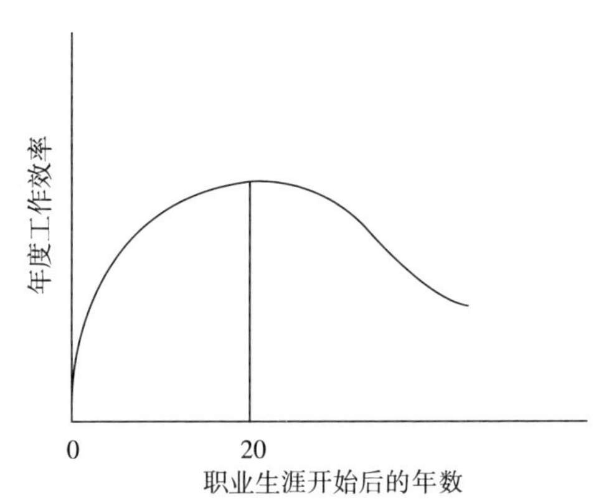

图1　创造性、学术性职业生涯开始后的年度工作效率[11]

一般来说，创造性职业的事业巅峰发生在从业20年左右，据此，人们通常在35~50岁步入职业下行期。20年是很多领域的平均值，然而，西蒙顿也发现了很多变量。例如，他发现，在很多行业中，从业者在职业生涯过半时进入事业巅峰期。按平均值来说，它与图1中的最高点多多少少存在着对应关系。一个研究小组密切跟踪研究了一些职业生涯过半的小说家，当从业20.4年时，他们就干完了职业生涯上半场的活儿，此后，他们将完成下半场的工作。情况类似的还有数学家，他们的职业生涯上半场时长为21.7年。稍早一点的是诗人，他们在从业15.4年时进入职业生涯下半场。地质学家则稍微晚一点，是28.9年。

让我们想想这意味着什么？假如你的工作是定量分析——你是一名数据分析师。如果你在22岁完成学业并开始职业生涯，平均而言，你将在44岁左右达到职业生涯的巅峰，随后你的职业技能开始下降。假如你是一位刚出道的诗人，在25岁时获得了艺术硕士学位，按照西蒙顿的数据，在40岁左右，你就完成了一半的写作，此后的产量开始下降。如果你是地质学家，你将在54岁左右到达事业巅峰。

提前步入职业下行期

当我开始这项研究时，我特别想知道这种职业下行模型是否适用于音乐家，尤其是古典音乐家。一些著名的古典音乐家老当益壮，一直演奏到老。1945 年，年仅 16 岁的低音提琴手简·利特尔加入了亚特兰大交响乐团。71 年后，她在 87 岁高龄时退休。（好吧，她并没有真正退休，实际上，她是在演出中去世的，去世时，她正在参加《轻歌曼舞好营生》的演出。）[12]

然而，利特尔女士的经历并不是这一行业的常态，大多数人都比她退休早。但是，干这一行的人退休通常很晚。在调查中，古典音乐家们告诉我，音乐演奏这一行的事业巅峰出现在 30 多岁。和大学一样，管弦乐队也有终身制，即使老艺术家的优势不如年轻艺术家，他们依然可以继续参加演出。因此，年轻演奏家经常抱怨，拥有终身职位的老艺术家占据了乐团的最佳位置。问题是这些老艺术家往往不承认自己会步入职业下行期。"要我们接受到点退休，很难。"匹兹堡交响乐团一位 58 岁的圆号（又称法国号）手说，"我们擅长否认。我们之所以取得成功，就是因为我们不相信年龄优势会对成功有什么影响，因此，入行时，我们就知道否认这一点对自己有积极意义。"[13]

那位圆号手不是我，但有可能他是平行宇宙中的另一个我。

事实上，儿时的我只有一个目标：成为世界上最伟大的圆号手。我孜孜不倦地练习，日复一日，年复一年，只要能找到乐团，我就参加他们的演出。为了自我激励，我在卧室挂着著名圆号手的照片。我参加了所有最好的音乐节，跟随最好的老师——西雅图中下阶层的孩子能找到的最好老师——学习。我一直是优秀的演奏者，是乐团的第一把交椅。

我一度认为，可以实现自己年轻时的人生梦想。19 岁时，我离开大学，在一个巡回室内乐团担任专业演奏员。每年，我们乐团都开着一辆超大的面包车，在全美巡回演出 100 场。我没有医疗保险，租房也总是让我伤透脑筋，但在 21 岁时，我已经走遍了美国 50 个州，到过 15 个国家，并录制了专辑，偶尔还会在收音机上听到自己的专辑。我的梦想是，在 20 多岁时成为一名在古典音乐界冉冉升起的新星，若干年后加入顶尖交响乐团，然后成为一名独奏家——这是古典音乐家的职业巅峰。

但天不遂人愿，在我 20 岁出头时，怪事来了：我的演奏水平开始下降。直到今天，我也不知道是为什么。演奏技能开始出问题，原因不明，也没人能帮助我。我向名师求教，投入更多的时间练习，但我始终无法回到最佳状态。一些原本很容易演奏的曲目变得很难，我无能为力；一些原本很难的曲目，我更是束手无策。

在我年轻的职业艺术生涯中，最糟糕的时刻可能出现在纽约卡内基音乐厅。在就即将演奏的音乐发表完简短演讲后，我向前走了一步，没站稳，从舞台跌落到观众席。在回家的路上，我暗忖这一定是上帝给我传信，他告诉我，放弃吧。

无论是不是上帝传信，我都听不进去。除了成为“伟大的圆号手”，我对自己没有任何别的想法。我宁死也不想放弃这一梦想。

就这样，我又断断续续地坚持了 9 年。25 岁时，我来到巴塞罗那城市管弦乐团工作，继续加强练习，但演奏水平继续下降。几年后，我在佛罗里达州的一所小音乐学院找到了一份教职工作，希望有奇迹发生，但它从未来到。

我意识到也许应该背水一战，于是，我瞒着妻子（因为我感到羞愧），开始远程学习大学课程。在 30 岁生日的前一个月，我取得了经济学学士学位，直到那时，我从未见过一位教授，也从未进过一间教室。对我来说，毕业日意味着穿着拖鞋走到邮箱拿我的毕业证书。信封上醒目地写着“请勿折叠”，但我的经历充满了皱褶。

我继续在夜晚偷偷学习，一年后我拿到了经济学硕士学位。我坚持练习圆号，并一直以音乐家的身份谋生，我始终抱着一线希望，希望自己的演奏水平能重返巅峰。

然而，我的演奏水平并没有提高。因此，到 31 岁时我认输了：我永远没法让自己摇摇欲坠的音乐职业生涯翻盘了。我还能做什么呢？于是，我只好很不情愿地加入家族事业。我的父亲是一名学者，他的父亲也是一名学者。我放弃了自己的音乐梦想，开始攻读博士学位。

生活还得继续，对吧？也许是吧。完成学业后，我成为一名大学教授，从事社会科学方面的研究与教学工作，我非常喜欢这一行。但每天一睁开眼，我依然想着自己所珍爱的、真正的“职业”。即使到了现在，我也常常梦见自己回到舞台。在梦中，我甚至能听到管弦乐队的音乐，能看到观众。我幸福地站在演奏区，演奏得比以往任何时候都好……醒来时，才发现儿时所立的大志只是一场梦。

事实上，我是幸运的。现在我知道，职业下行期总会来到，只不过我的职业下行期来得更早，比通常情况早了 10~20 年。因此，我较早适应了职业下行期，并重新调整方向，转向新的工作领域。然而，直到今天，过早出现的职业下行期所带来的痛苦，仍无法用语言形容。我发誓，再也不会让这样的事情发生在自己身上了。

当然，数据不会说谎，这种事情还会发生。

为什么会步入职业下行期？
它对我们将产生何种影响？

对大多数人来说，步入职业下行期不仅令他们惊愕、不快，也令他们极度困惑，为什么会这样？我们从小接受的教育是实践出真知，大量的研究也告诉我们，一万小时的练习能让人成为特定领域的专家。换句话说，熟能生巧，这是一条生活法则。

后来你发现不是这样的。还记得上文提到的工作效率曲线吗？职业发展并不是一条往上走的直线。那么，到底是什么导致我们会步入职业下行通道呢？

某一早期理论指出，人的智力会随着年龄的增长而下降。比较了不同年龄段人的智商（IQ）后，研究人员发现，年轻人的智商比老人强。他们得出如下结论，随着年龄的增长，人的智力会下降，与之相应，人的能力也会下降。然而，该研究存在一个根本的缺陷：它将受教育程度较高的人（他们通常较年轻）与那些受教育程度较低的人放在一起比较。研究人员逐渐发现，个体智力下降并不像早期研究所说的那么明显。[14]

对此，一个更好的解释是大脑结构发生了变化，具体来说，是大脑前额叶皮质（前额后面的大脑部分）的性能发生了变化。大脑前额叶皮质是童年时期大脑发育最晚的一部分，成年后它又是最先开始衰退的一部分。它主要负责工作记忆、执行功能和抑制，即屏蔽与手头任务无关的信息，只有这样，人们才能集中注意力提高核心技能。一个容量大、强健的前额叶皮质可以让人在其专业领域游刃有余，无论是处理法律案件、做手术还是开公交车。

人到中年，前额叶皮质的工作效率会降低。这意味着，首先，快速分析和创新创造能力会下降——正如我们在职业下行证据中所看到的那样。[15] 其次，一些曾经很容易上手的特殊技能，比如多任务处理，也开始不再得心应手。也就是说，老年人比年轻人更容易分心。如果家里有十几岁的孩子，你可能会发现他们在学习时听音乐或发短信并不影响学习效率，但其实你自己做不到那样。你要提高工作学习效率，最好关掉电话和音乐，去一个安静的地方思考与工作——事实上，只有成年人才需要采纳这些建议。[16]

另一项技能是记忆名字和事实的能力。当 50 岁时，你大脑里的信息就像纽约公共图书馆一样拥挤。与此同时，你的图书管理员年事已高，行动缓慢，容易分心。当你让他去找一些你所需要的信息——比如某人的名字——他会花 1 分钟站起身来，停下来喝口咖啡，和一位负责期刊管理的老朋友聊会儿天，然后就忘了自己要干什么。[17] 与此同时，你会因为记性不如从前而自责。最后，你的图书管理员终于走过来了，他告诉你："那家伙叫迈克。"这时候你早就把迈克忘了，你正在忙别的事。

尽管有这些烦恼，有些人还是能很好地应对它们。以诺贝尔物理学奖得主保罗·狄拉克为例，如前文所述，他曾经写过一首伤感的小诗，说物理学家在 30 岁时就开始走下坡路。确实，在 20～30 多岁的这段时期，他就抵达了事业巅峰，完成了他一生最重要的工作。30 多岁以后，狄拉克仍然是一位活跃的学者，做了一些了不起的工作，但成就不如从前。

不过，他还是在力所能及的范围内，尽力而为。70 岁时，狄拉克离开了沉闷的剑桥大学，赴佛罗里达州立大学担任教授，只能说这是英雄迟暮的选择。晚年的狄拉克喜欢晒太阳和游泳；在佛罗里达州立大学的时候，他每天都和同事一起吃午饭，然后打个盹儿。他继续发表论文，但在学术界没有什么反响。他的最后一篇论文涉及一个他永远无法回答的问题，在结语中他诚实地写道："我花了很多时间去寻找答案……但没有找到。我将尽我所能，继续努力，我希望其他研究者在这个问题上继续推进。"[18]

不幸的是，像狄拉克这样甘于回归平凡的人并不多。莱纳斯·鲍林是唯一一个在两个不同领域分别得过诺贝尔奖的人。与狄拉克以及其他许多研究者一样，在20多岁时，鲍林就提出了他最伟大的理论。在30多岁时，他完成了不朽著作《化学键的本质》，这本书是对他过去10年工作的总结。1954年，他因数十年前在化学键方面的研究成果而获得诺贝尔化学奖。

随后，鲍林继续从事科学研究，但他开始把更多的时间花在公众活动上，有人认为他这么做是为了保持曝光率。第二次世界大战后，鲍林将注意力转向反核运动。作为一名与研发原子弹的科学家同时获得诺贝尔奖的化学家，鲍林参与美国和欧洲的反战运动进一步提升了他的社会地位。

1962年，为了表彰鲍林在冷战高峰期为废除核试验所做出的贡献，诺贝尔委员会授予他诺贝尔和平奖。由于显而易见的原因，他成了一名有争议的政治人物：对一些人来说他是英雄，对另一些人来说他是恶棍。1970年，鲍林获得并接受了苏联颁发的列宁和平奖，他的批评者常常用此来攻击他。

由于渴望得到公众的关注，鲍林致力于推广那些时髦的伪科学观念。他提倡优生学，认为应该用文身来给镰状细胞病等遗传病的患者打上标签，来警告其潜在配偶。更出格的是，他痴迷于自己提出的维生素理论，认为维生素可以治疗一系列的疾病，甚至癌症，还可以延年益寿。他推广所谓的“正分子精神病学”，用大量的维生素治疗精神疾病患者。

极有可能，你已经知道的服用大剂量的维生素 C 可以预防感冒的理论，就是来自鲍林 20 世纪 70 年代的著作，科学界曾多次驳斥这一观点，他后来提出的几乎所有观点都是这个待遇。事实上，正如剑桥大学教授斯蒂芬·凯夫所描述的那样，在主流医学界看来，鲍林是不折不扣的庸医。在生命的最后几十年里，鲍林花了大量时间在科学杂志上痛斥这些批评者。[19]

泯然众人的痛苦

我认为在人生下半场，鲍林之所以过得如此艰辛是因为随着他自身能力的下降，他对公众的影响力也每况愈下。无论是不是名人，如果一个人泯然众人，甚至变得一无是处，那些曾经尊重他的人真的很难接受这一现实。在为写作这本书做调研时，被访者一次又一次地跟我抱怨自己的失落感。纽约一位珍本图书商就面临这种困境。他热爱自己的事业，享受事业成功。但现在……好吧，我们来听听他自己怎么说。

> 我做了一辈子的珍本图书商，24 岁开始创业。我很

幸运，鲍勃·迪伦、约翰·厄普代克、J. M. 库切、伍德沃德、伯恩斯坦、沃夫、庞德、丘吉尔、罗斯福……他们留下了无穷无尽的遗产。20 年前，在晚宴上，在人们簇拥下，我与大家分享自己旅途中的寻宝趣闻、买卖交易。而在过去十几年里，我从桌子对面听众的眼睛里，看见了自己的形象。什么样的形象？过去那个意气风发的我。

我也和一名 50 岁的女性聊过，她在重点大学担任高级行政职务，她是这么说的。

如果软件继续更新升级，进一步减少人为错误，以至于不再依赖人去纠正，那我恐怕就要失业了。我想 5~10 年之后，这一天就会来到……即使我知道不可能永远遮遮掩掩，但在工作中，我确实会拼命掩盖自己个人能力的不足。我希望在收入不降低的前提下，有足够的时间来提升自己的职业技能。但如果有一天我被裁员了，嗯，好吧，日子要么将就着过，要么到此为止。

再来听听一位 50 多岁的著名女记者是怎么说的。

如今，我已经没有动力再去辛苦加班 10 小时了，睡眠不足或旅途奔波很累人。年轻时，我们可以很快满血复活，但现在不行了。到了 40 多岁，同事们的身体状况开始走下坡路。回头看，我才发现体力跟不上是人生开始步入下行通道的标志。拖着沉重的步伐走出家门去另一个城市参加会议，采访调查高速公路交通事故、谋杀事件、税务案件……这些活儿，过去我们干了很多很多，如今我们累了。

2007 年，加州大学洛杉矶分校和普林斯顿大学的一个研究团队分析了 1000 多名老年人的数据。他们的研究成果发表在美国《老年学杂志》上，这一研究表明，一些老年人从未觉得或者很少觉得自己老了还能发挥余热，另一些老年人则觉得自己还能老骥伏枥。该研究还发现，前者轻度残疾的可能性是后者的三倍，前者的死亡风险是后者的三倍多。

对此，你可能会说功成名就是好事，这才是老有所归。据说，成功方可一劳永逸，为此，人们努力积累大量的金钱、权力和威望。生活就像寻宝——走出去，找到那罐金子，然后好好享用它，快乐地度过余生，即使辉煌不再。赚很多很多的钱，坐享其成；拥有很大很大的名望，提前退休享受生活。比如说干我这一行，拿到终身教职就万事大吉了。此后，你就可以在回忆中缅怀昔日荣光。

如果按照这种标准，前文所讲的飞机上的那个男人，应该是世界上最幸福的人。他富有、有名气，因早期所取得的成就而受人尊敬，他是人生赢家！达尔文和鲍林也是。但他们并不幸福，因为这种模式完全是错的。这是一种错得离谱的人类奋斗模式。实际上，如果飞机上的那个男人过着平凡的生活，也就是说，如果他从来没有成就什么了不起的事业，那么，他可能不会因自己泯然众人而痛苦。

我们可以将它称为“飞高跌痛定律”：一个人因职业下行所引发的失落感，与他以前所取得的声望以及他对这种声望的念念不忘直接相关。[20] 如果一个人对自己的期望值不高，无论他是消极不作为，还是积极有为，当步入职业下行期时，他可能都不会有太多失落感。但是，如果一个人事业有成，踌躇满志，雄心勃勃，当他不可避免地一落千丈时，他就会觉得自己是被社会抛弃、没有用的人，他会很痛苦。

一个人早年天赋异禀，功成名就，并不能保证他日后不会经历这种痛苦。相反，研究表明，与那些淡泊名利的人相比，在职业生涯中致力于追逐权力和成功的人，退休后更容易感到不幸福。[21]

得克萨斯大学奥斯汀分校的心理学家卡罗尔和查尔斯·霍拉汉夫妇[22] 指出，少年天才也有很多问题。他们研究了数百名曾经是少年天才的老人。霍拉汉夫妇的结论是：“在一项智力天赋的研究中，那些年少早慧的人到 80 岁时，心理健康状况往往不太好……”

霍拉汉夫妇的研究可能只是表明，过高的期望往往可望而不可即，告诉孩子他是天才，这种教育方法非常糟糕。然而，也有证据表明，工作业绩太好会对人的未来产生负面影响。以职业运动员为例，他们中的许多人告别赛场后都过得很挣扎。悲剧比比皆是，比如成瘾或自杀；退役运动员不幸福甚至是常态，至少目前的研究表明是这样的。1996 年奥运会体操金牌得主多米尼克·道斯在最高水平的比赛中佳绩连连，当被问及退役后她过得如何时她告诉我，平平淡淡才是真，她很享受退役后的生活，但要适应这种生活并不容易，直到现在仍然很难。“我身体里那个老想着更高、更快、更强的奥运自我，会毁掉我的婚姻，让我的孩子们倍感压力。”她坦率地告诉我，“把每天的日子都过得像参加奥运会一样，只会让我身边的人活受罪。”奥运会结束后，道斯精心安排了自己的退役生活，以免自己陷入“高成就陷阱”：她拥有美满的婚姻、可爱的孩子，并且有自己坚定的信仰。她没有活在过去。但是，很多明星的表现就不如她了。

事实上，当昔日的荣光不再，我们却一直沉湎其中时，就会导致“意难平”——我们将在后文讨论这个问题。人类并不喜欢缅怀昔日荣光，因为成功所带来的满足感是转瞬即逝的。这就好比，在一台跑步机上跑步时，我们不能停下来享受成功，因为一旦停下来，我们就会从跑步机上掉下来，摔得很惨。所以，为了满足对成功的渴望，我们跑啊跑，永不停歇，希望下一次取得更大的成功。

因此，步入职业下行期意味着双重打击：一方面，我们需要用更大的成功来避免“意难平”；另一方面，随着年龄的增长，我们很难维持现有水准。但其实，这是三重打击，当我们努力平衡渴望更大的成功和职业技能下降之间的关系时，最终会陷入成瘾模式。比如成为工作狂，这会让奋发向上者陷入一种不健康的关系模式，它以牺牲与配偶、孩子和朋友的深层关系为代价。当退休到来时，我们成了孤家寡人，没人帮我们站起身拍拍衣服、掸掉灰。

结果是许多成功人士陷入了恶性循环：害怕步入职业下行通道，越来越少的成功令其不满与日俱增，对渐行渐远的昔日成就恋恋不舍，并拒绝与他人交流。但是，来自世人的慷慨与支持是有限的。没有人会为成功人士的遭遇感到遗憾，他们只会觉得你身在福中不知福。一位生活无忧的奋发向上者的所谓挣扎，只会让人觉得他是无病呻吟，很不真诚。

但他确实在挣扎。

何去何从？

奋发向上者必须接受如下现实：30 岁时，或者更晚些，

50 岁出头时，他会步入职业下行期，那些通过努力所获得的令旁人艳羡、令自己功成名就的职业技能会不断衰退。很抱歉，这很没劲，但这就是人生。

那么，你打算怎么办？在你面前，有三扇门：

1 号门：你可以否认现实，不甘平凡，愤怒地对抗下行，但可能会让自己陷入沮丧和失望之中。

2 号门：你可以耸耸肩，接受这一现实，认命、躺平，将下行视为一场不可避免的悲剧。

3 号门：你可以接受现实——那些曾令你青云直上、功成名就的职业技能已经成为过去，一切归于平淡，但你需要掌握一些新的优势与技能。

如果你选择了 3 号门，那么祝福你，你的未来是光明的。但进入这扇门，你需要掌握一些新的技能、新的思维方式。

第二章
发展你的第二曲线

生命有周期。人生由绚烂归于平淡，是不可避免的。但是，步入职业下行期并不全是坏消息——我指的不是儿孙绕膝或者萨拉索塔[1]的退休公寓，当然这些也很棒。实际上，在人生下半场，如果顺势而为，借助某些特别的方法，我们会自然而然地变得更明智、更成熟。随着年龄的增长，提高的诀窍在于理解、发展并且利用这些新的优势。只要你愿意，在职业下行期，你依然可以取得了不起的成就，别担心，我会告诉你应该怎么做。

不知道你有没有注意到，随着年龄的增长，人的表达能力会变得越来越好？与从前相比，属于自己的词典变厚了，词汇量更大了。这意味着你拥有许多新能力。例如，我们玩拼字游戏玩得更溜了，外语水平更高了——不是指完美的口

---

① 萨拉索塔（Sarasota）是美国佛罗里达州的下辖市，佛罗里达文化海岸的中心，全美15个最适宜居住的城市之一。——译者注

音，而是指更大的词汇量、更精准的语法。科学研究也证实了这些现象：终其一生，无论是母语，还是外语，人的词汇量会一直保持、扩大。[1]

同样，你可能也会注意到，随着年龄的增长，人们更擅长综合各种想法，以及将复杂的想法付诸实践。[2] 换句话说，他们可能无法像年轻时那样，奇思妙想一个接一个，遇到问题就能迎刃而解。但是，他们能更好地应用自己所熟悉的概念，更清晰地向他人解释抽象的概念。他们也很善于解读别人的想法，甚至解释得比提出这些想法的人还要清楚。

以下是我的亲身经历。年轻时，我旅居西班牙，30 多年来，我一直往返于美国和巴塞罗那之间。巴塞罗那有两种语言——西班牙语和加泰罗尼亚语，在当地这两种语言我都讲得很地道，但一回到美国，就讲得一般般。奇怪的是，自 50 岁左右开始，我发现无论是西班牙语还是加泰罗尼亚语，我都讲得越来越好了，甚至比我住在巴塞罗那时还要好。同样，作为一名社会科学家，与职场新兵时的我相比，如今的我更擅长挖掘、讲述数据里蕴含的故事。虽然我很怀疑自己还能不能写出年轻时所写的那种学术论文——现在我已经看不懂自己 20 年前所写论文中的数学问题了——但我可以告诉读者，各种观念与洞见是如何彼此关联，以及如何在实践中应用它们。因此，我现在写的是一本书，而不是一篇晦涩难懂的数理型学术论文。年轻时，我善于提出新的观点；现在，我更善于综合别人的观点。

对某些特定的职业来说，这些姗姗来迟的能力很管用。正如西蒙顿的数据所预测的那样，理论数学家的事业巅峰期来得很早，随后就开始步入事业下行期。但是，应用数学家（他们利用数学来解决商业中的实践问题）的事业巅峰期则来得很晚，因为他们的职业技能是综合和转化利用他人的观点——这种技能更多地依赖于实践经验。还有历史学家，他们是现有事实和思想的集大成者。奇怪的是，历史学家的职业下行期来得很晚，通常在职业生涯开始后的 39.7 年，他们才到达事业巅峰期，远远高于模型中的数据。如果你在 32 岁取得博士学位，打算成为历史学家，对你来说，坏消息是，即使到了 50 多岁，你仍然是业界新人；但好消息是，要到 72 岁，你才步入人生下半场，此时你的职业生涯才过半！所以，善待自己的身体吧，好好活着，到 80 多岁时，作为历史学家的你还能写出最好的书。

如果你认为上述事实并不具有普遍性，只是偶然，那么，除了成为一名拼字游戏高手或攻读历史学博士学位，你可能找不到其他现实可行的人生策略。然而，这不是偶然，完全不是。20 世纪 60 年代末，英国心理学家雷蒙德·卡特尔开始着手探寻个中原委。[3] 他找到了答案，这一答案可以打破奋发向上者的诅咒，改变他们的人生。

流体智力和晶体智力

1971年，卡特尔出版了《能力：结构、成长和行动》（*Abilities：Their Structure，Growth and Action*）一书。在书中，他假定人类拥有两种类型的智力，在人生的不同阶段，它们的表现各有不同。

第一种是**流体智力**（fluid intelligence），卡特尔将其定义为推理、灵活思考以及解决新问题的认知能力。这就是我们通常所说的先天智力，研究人员发现阅读能力、数学能力都与它有关。[4] 创新者通常拥有强大的流体智力。专事智力测试的卡特尔观察到，在成年人早期阶段，人的流体智力最强，到30多岁、40多岁时，就开始迅速衰退。[5]

基于这一发现，卡特尔认为年轻人天生长于提出原创性的新理念。卡特尔于1998年去世，享年92岁，如果今天他还活着的话，他读到这本书会立马向我指出，你所说的职业下行，即那些很早就衰退的能力，就是我所说的流体智力，几乎所有勤勉的成功人士在职业生涯早期取得的成功，都与这种类型的智力有关。

如果你所在的行业依赖于新知识，或者需要解决那些很难搞定的新问题，我敢打赌，本书的大多数读者从事的都是这类职业，你在职业生涯早期所取得的成功，主要归功于流体智力与勤奋，也许还有你的父母以及好运气的加持。几乎所有现代行业的年轻精英都是凭流体智力脱颖而出的。他们学习效率高，能高度专注于重要的事情，并拥有解决问题的能力。不幸的是，大量事实表明，随着年岁增长，人的流体智力会逐渐衰退——可能这就是你读这本书的原因吧。

然而，故事并不会到此为止，卡特尔工作的重要意义就在这里。除了流体智力，我们还拥有**晶体智力**（crystallized intelligence）。晶体智力，是指以习得的经验为基础的认知能力。再想想前文的巨大图书馆比喻，但这一次，你不用再为慢吞吞的图书管理员惋惜，你应该惊叹于在海量的图书中他知道去哪里找一本书，即使他需要花一些时间。晶体智力依赖于日积月累的知识，从 40 岁到 50 岁再到 60 岁，它会随着年龄的增长而增长，即使会衰退，也是到晚年才衰退。

卡特尔是这么描述这两种智力的："流体智力，是指为解决抽象问题的去语境化能力；而晶体智力，是指一个人在生活中通过文化适应和学习所获得的知识。"[6] 换句话说，年轻时，你拥有老天爷赏赐的智慧；年老时，你拥有后天习得的智慧。年轻时，你可以创造并生成许多事实；年老时，你能理解事实的意义并将其付诸实践。

让我们来详细分析一下这个问题。卡特尔告诉我们，第一章图 1 所示的工作效率曲线，实际上就是流体智力曲线。总而言之，在 35 岁前，流体智力曲线会稳步上升，从 40 多岁或 50 多岁起，流体智力曲线开始下行。与此同时，在流体智力曲线背后，还隐藏着另一条曲线，即从成年中后期开始，不断上升的晶体智力曲线（见图 2）。

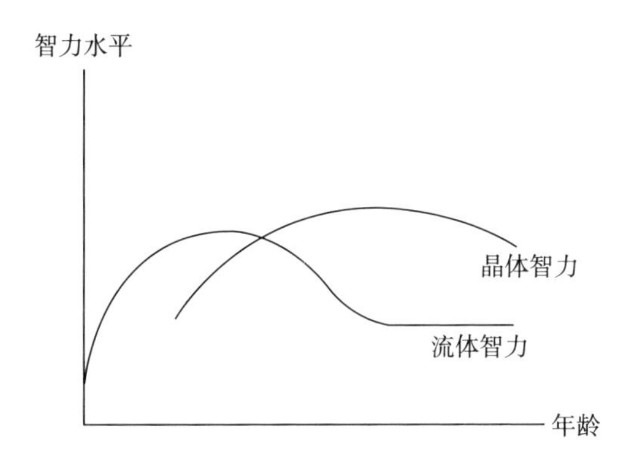

图 2　流体智力曲线和晶体智力曲线

对你我来说这可是个大发现，确实，这是个极大的发现。如图 2 所示，如果你的职业完全依赖于流体智力，你确实很早就会达到职业巅峰，然后开始步入职业下行通道。但是，如果你的职业需要的是晶体智力，或者你成功实现了转型，转而从事需要晶体智力的职业，那么，你的职业巅峰会来得晚一些，你的职业下行现象也会来得晚一些。如果你能从第一种智力转至第二种智力，你就破解了代码。

那么前文所提到的职业生涯曲线又会如何呢？对一些人来说，比如科技企业家，其职业生涯曲线与其流体智力曲线的走向是一致的，这就是为什么他们年纪轻轻时就步入了职业下行通道。然而，在那些既需要流体智力又需要晶体智力的行业，从业者的职业巅峰期会来得稍晚一些。而在那些几乎完全依赖大量知识储备以及应用能力的行业中，从业者的职业巅峰往往出现在晚年。

毫无疑问的是，你一定会注意到流体智力的衰退。然而，塞翁失马焉知非福？在生命的不同阶段，人的天生优势也不相同。随着岁月的流逝，你失去了一种能力，却拥有了另一种能力，后者可以帮助你重新规划职业——从创新转向指导。说到转型，有些职业容易，有些职业较难。例如历史研究就需要大量的知识储备，以及综合运用这些知识的智慧，这是一个几乎只需要晶体智力的领域。

还有一些比历史学家更普通的职业，它们也更多地依赖晶体智力。最突出的就是教师，他们需要语言技能以及解释海量信息的天赋。因此，教师这职业年长者往往比年轻人更有优势。美国《高等教育纪事报》最近的一项研究表明，在大学院系里年长的教授，其教学评分往往是最高的。[7] 在人文学科中，这一现象尤其明显。在职业生涯早期，人文学科的教授其教学评分最低，到六七十岁时，他们的教学评分开始不断升高。（给读这本书的人文学科大学生们一个提示：选年长的教授上课。）

这种大器晚成可以部分解释大学教授的职业寿命，四分之三的大学教授计划在 65 岁后退休——美国教授的平均退休年龄是 62 岁。[8] 我还记得，当我从研究生院毕业后担任助理教授的第一年，有一天，我和一位年近六旬的同事闲聊，我问他是否考虑过退休。他笑着告诉我，他更希望自己能横着离开办公室，而不是竖着离开。

听到这句话，大学的院长们可能会哭笑不得，作为大学的管理者，他们经常抱怨，终身教授在职业生涯的最后几十年里其学术研究能力明显降低——因为学术研究能力取决于流体智力，尤其是分析能力。年长的教授占据了教职岗位，本来这些岗位需要那些渴望在学术上出人头地的年轻学者——他们拥有更多流体智力。但对大学来说，这也不全是坏事。解决问题的方法不在于如何激励老教授去写更复杂的学术文章，而在于在确保其专业水平不变的前提下，调整他们的工作岗位，让他们转向教学岗，承担教学任务。

老来教书育人，我们在东西方的伟大智慧之书中都可以发现这个现象。在欧根·赫里格尔①《学箭悟禅录》一书中，一位年迈的射箭老师说："就像燃灯者一样，教师以心传心，用正确的艺术精神照亮人心，指路明道。"

再看看公元前1世纪罗马政治家、律师、学者和哲学家马库斯·图利乌斯·西塞罗的智慧。时至今日，西塞罗依然是最重要的思想家，他在世期间，拉丁语世界里四分之三的拉丁文学都出自他之手。[9] 在生命的最后一年，西塞罗给儿子写了一封公开信《论责任》，谈正直的人的责任，其中大部分都在讲年轻人的责任，但他也讲到了老年人的责任。

> 老年人，似乎应该减少体力劳动，保持心灵的活力。他们也应该为朋友和年轻人提供劝导，传授人生经验，尤其应该为国分忧。[10]

西塞罗认为，老年人应该致力于三件事。首先，他应该致力于服务，而不是游手好闲。其次，智慧是人生下半场的最好馈赠，沉入筹思，慎思谨行，方能带来丰富他人的见识。最后，老年人的天生优势是提供劝导，指导、劝告和教导他人，且不求金钱、权力或声望等回报。

顺便说一句，西塞罗不仅提出了很好的建议，他还做到

---

① 欧根·赫里格尔，1884年3月20日生于德国，1913年获海德堡大学哲学博士学位，1922年任海德堡大学讲师。1924—1929年，远赴日本，在那儿讲授哲学及古典语文学。——译者注

了知行合一，直至去世他都在身体力行地实践自己的理念。对公共知识分子而言，西塞罗所生活的时代是一个危险的时代，今天，我们为取消文化（cancel culture）① 而烦恼。但西塞罗在 63 岁时被暗杀，因为他的政治思想不那么正确——特别是当尤利乌斯·恺撒被元老院成员暗杀后，他批评了马克·安东尼。安东尼将西塞罗列为人民公敌，他连夜出逃，最后被一名罗马百夫长抓住。在弥留之际，他仍是一名教师，这是晶体智力的高光时刻。西塞罗教育百夫长："士兵，你之前没有做对一件事，但你至少要把杀我这件事做对。"[11]

几年前，当我去硅谷一家著名科技公司演讲时，我正好在琢磨与教育、劝导有关的晶体智力。演讲结束后，一位年轻的听众向我请教他所在的行业中从业者的多样性问题。他指的是工程这一行业缺乏少数族裔和女性的参与，我很高兴地回答了这个问题。随后我借机问他，在这个以年轻人为主的行业，有没有考虑过年龄的多样性。我问他："你们公司有多少老年人？"他的回答让我大开眼界："你是说 30 岁以上的人吗？"真是太年轻，太天真了。

① 取消文化，有时也称作"废弃文化"。在这种文化范畴中，人们集体回避、排斥、抵制那些他们所认为的不被接受的行事方式、言论和人。——编者注

问题的关键并不是为年长者找事儿干，我想说的是，年轻人要跟着这些见多识广、犯过书本上每一个愚蠢错误的年长者学习他们的人生智慧和经验，从而在犯每一个本可避免的错误之前提醒自己不要犯错。在过去几年里，由年轻人主导的科技公司丑闻不断，公众形象一落千丈。这些年轻人曾经被尊崇为资本主义的未来，如今人们发现，他们的产品有害，他们的领导者自私、幼稚。看到年轻的科技创业者正在犯如此明显的错误，其他行业的年长高管们只能在一旁直摇头。

那么，年轻的精英们需要什么呢？他们的产品团队需要年长者，营销团队需要年长者，高管层也需要年长者。他们不仅需要绝妙的点子，也需要真正的智慧，而智慧来自岁月的磨砺与沉淀。

欢乐的事业第二春

步入人生下半场，事业还能迎来第二春，对所有人来说这肯定是好消息。首先，它解释了为什么人的能力从四五十岁开始衰退这一普遍现象。换句话说，如果你在我这个年纪或者比我年长，那么**我们都会步入人生下行通道**。其次，在人生下半场，你会遇上通往成功的第二波浪潮，它更有利于你进入事业第二春。最后，根据绝大部分的预测，与第一波浪潮相比，你在第二波浪潮中将收获更有价值的东西——尽管金钱和声望不如从前。俗话说得好："知道番茄是一种水果，是知识；知道不往水果沙拉里放番茄，是智慧。"或者如《圣经》所言："求你指教我们怎样数算自己的日子，好叫我们得着智慧的心。"[12]

如果你的流体智力正在衰退——如果你和我是同龄人，这一定会发生，但这并不意味着英雄迟暮。这意味着，你应该从流体智力曲线跳到晶体智力曲线。那些争强好胜、与时间鏖战的人"日暮犹独飞"，却从没有想过要进入新的曲线，他们依然试图改变旧的曲线。但是，这只是白费工夫，于是他们越来越沮丧，离成功越来越远。

那么，为什么人们仍然想一次又一次地努力改变旧曲线呢？原因在于：第一，他们没有意识到第一条曲线下行是一种自然现象，而认为是自己做得不够好；第二，他们不知道还另有一条曲线，它可以引领自己走向新的成功。

即使他们相信还另有一条曲线，但鼓起勇气纵身跳过去，这也是一个异常艰辛、可怕的过程。改变自己生活和事业的方向——比如成为一名老师，并且不在乎这种转型意味着什么，需要极大的勇气和毅力。不是每个人都愿意改变，很多人都拒绝职业转型。

但是，对那些成功转型的人来说，回报是巨大的。为了写作本书，我采访了一些人，我发现那些在 50 岁、60 岁和 70 岁时过得最幸福、最满足的人，无一例外都完成了转型。我手头有几个实例，先从一位 58 岁的男性精算师说起。他告诉我：

我正等着退休，但这并不意味着躺平的机会来了，相反，我利用这一机会去做一些对自己而言非常重要的事情。除了日常工作，每周我会找一个晚上给研究生讲金融数学，将自己从职业生涯中获得的真知灼见传授给这些有抱负的年轻人，我觉得这很有意义。他们求知若渴，我喜欢线下授课，并向他们提供课本之外的洞见。

一位电视台的女记者也跟我说了类似的话，退休后，她去了一所小型大学教书：

很幸运，我能进入学术界，这里似乎很尊重长者。实际上，与一些同事相比，我还很年轻，他们是一群魅力十足的聪明人。这是新闻界和教育界最奇妙的区别之一。在教育界，人们尊师重道，中老年人地位很高，他们是领导者。而在新闻界，这是不可能的，电视新闻制作需要的是创新。

像 J. S. 巴赫那样转型

在前一章里，我提到了查尔斯·达尔文和莱纳斯·鲍林等历史上赫赫有名的奋发向上者，他们要么不知道存在第二条曲线，要么转型不成功。然而，也有一些历史人物实现了华丽转身。其中就有我最喜欢的伟大作曲家 J. S. 巴赫，在职业下行期，他找到了第二条曲线，过得非常幸福。

1685 年，J. S. 巴赫出生在德国中部一个著名的音乐世家。他成名甚早，出众的音乐天分令他很快脱颖而出。在他一生中，他为那个时代所有的乐器谱写了 1000 多首乐曲。[13] 在有史以来最伟大的管弦、合唱康塔塔音乐套曲中，出自他之手的就有几十首。他的协奏曲堪称完美，他的钢琴演奏古朴而典雅。

巴赫是我最喜欢的作曲家。从儿时起，我就非常喜欢他的音乐，我骄傲地告诉大人，“巴赫”翻译成英语要么是“布鲁克”，要么是“布鲁克斯”，后者更常见。巧吧？我和他同名呢。

当然，并不是只有我一个人这么喜欢巴赫。20 世纪伟大的西班牙大提琴家巴勃罗·卡萨尔斯将巴赫的大提琴独奏组曲呈现给全世界的听众。他这样评价自己的音乐英雄：“剥去人性的外衣，直至其神性澄明可见，将精神层面的热情注入日常生活，给易逝事物插上永恒的翅膀；赋予神圣的事物人性，赋予尘世的事物神性；这就是巴赫，他创造了音乐史上最伟大、最纯粹的时刻。”[14]

或者，正如作曲家罗伯特·舒曼所说：“巴赫对音乐的贡献，就像宗教创立者对宗教的贡献一样。”舒曼将巴赫与耶稣相提并论，我不确定我是不是也可以这么说，但真的，当你读完本章，再去听《马太受难曲》或者听听《B 小调弥撒曲》——我写这一章时，听的就是这首曲子——你就会理解为什么有人称巴赫为“第五福音传道者”。

顺便说一下，巴赫并不仅仅音乐作品产量惊人。他有 20 个孩子，其中 7 个是他与深爱的第一任妻子玛丽亚·芭芭拉所生，芭芭拉在 35 岁时不幸去世；还有 13 个是他与第二任妻子安娜·玛格达莱娜所生。巴赫的孩子中只有 10 个活到了成年，其中有 4 位作曲家，他们都是各自领域的佼佼者。其中，最伟大的是卡尔·菲利普·伊曼纽尔，后世称他为“小巴赫”。[15]

巴赫的音乐属于巴洛克风格。在职业生涯早期，人们认为他是巴洛克时期最优秀的作曲家之一。金钱滚滚而来，王室，更确切地说是安哈尔特-科滕的利奥波德王子登门拜访，年轻的作曲家纷纷模仿他的音乐风格。巴赫与他心爱的大家庭一起，平步青云，声望日隆。

但巴赫的名声和荣耀并不持久——很大一部分原因是，一位年轻的后起之秀兴起了一种新的音乐风格，将巴洛克风格渲染得像迪斯科一样过时，也将巴赫逐出了舞台中心。这位侵夺者不是别人，正是巴赫的儿子小巴赫。

和父亲一样，小巴赫的音乐天赋打小起就锋芒毕露。在音乐之路上，他学会了巴洛克语言，但是他更痴迷于一种新古典音乐风格，当时人人都喜欢听这种音乐。随着新古典风格音乐的流行，小巴赫声名鹊起；与此同时，人们认为巴洛克音乐陈旧、古板，包括老巴赫在内的作曲家们有的不愿意创作巴洛克音乐，有的没有能力创作巴洛克音乐，他们纷纷转向新的音乐风格。

就这样，小巴赫取代了老巴赫，成为巴赫家族的音乐大师。

在老巴赫生命的最后几十年以及接下来的一个世纪，世人认为小巴赫才是巴赫家族中最伟大的音乐家。海顿和贝多芬都很欣赏小巴赫，都收藏了他的音乐集。莫扎特也说过："巴赫是父亲，我们是孩子。"他指的是小巴赫，而不是老巴赫。

在职业生涯的巅峰时刻，音乐界抛弃了 J. S. 巴赫，从青云直上到一落千丈，这确实很容易使他像达尔文一样苦恼、沮丧。然而他没有，他为儿子的建树感到骄傲，他重新规划自己的事业——从音乐创作者转型为大师级教师。在生命的最后 10 年，为了教授巴洛克音乐的作曲技巧，巴赫悉心探索，深入总结，写就了《赋格的艺术》——用同一主题写成的 22 首赋格与卡农。

《赋格的艺术》如同一本音乐教科书。J. S. 巴赫去世一百年后，它被重新发现，从而开始公开演出。今天，我们常常可以在音乐会上听到它。想象一下，一部教科书式的作品竟然如此了不起，以至于人们认为它是一部文学作品，甚至是诗歌。这就是巴赫的伟大之处。同样令人印象深刻的是，他的坚韧不拔。作为一名音乐革新者，巴赫经历了职业生涯的衰退。但他没有陷入沮丧和颓废，而是顺天应命，成功转型成为一名幸福的父亲和音乐教师，从容安然地走完了人生下半场。

《赋格的艺术》是 J. S. 巴赫的最后一部作品，其中的对位法第 14 手稿尚未完成。几年后，小巴赫补充道："作曲家亡于赋格曲。"[16] 这是针对他父亲开的一个私人玩笑。在写赋格曲时，巴赫使用了如下系列音符：Bb-A-C-B □。在德国符号中，Bb 简写为"B"，B □简写为"H"。换句话说，巴赫用自己姓中的 B-A-C-H 作为音乐主题。仿佛命中注定，这是他写就的最后音符，伟大的收官之作。

再回顾一下达尔文的一生。从表面上看，这两位伟人的经历相似。他们都具有超凡的天赋，年轻时就青云直上，声名远扬。即使后来被后人逐渐取代，他们仍然享有极高的声誉。去世后，两人依旧被世人传颂。J. S. 巴赫令他那个时代的所有作曲家（包括小巴赫）都黯淡无光。今天他依然是最受大众喜欢的音乐大师，即使是那些偶尔听听严肃音乐的人都这么认为。同样，达尔文是历史上最伟大的科学家之一，而大多数人都不知道孟德尔。

两人的不同之处在于，如何管理人生以及处理中年职业危机。当达尔文陷入职业瓶颈时，他变得沮丧、颓废，他在悲伤恐惧中走完了一生。像大多数人一样，他从未寻找或者找到自己的第二条曲线，所以晚年的他，面对无法阻挡的时间脚步，惶惶不可终日。

当J. S. 巴赫看到自己的流体智力曲线日渐下行，他纵身一跃，跳上了晶体智力曲线，不再回头叹息。当创造力衰微后，他成功转型成为一名教师。去世时，尽管盛名不如早年，但他深受家人爱戴、世人尊敬，圆满收官，人人都说他过得幸福。

在J. S. 巴赫去世后一个世纪，伟大的作曲家约翰内斯·勃拉姆斯说："去研究巴赫吧，在他那里，什么都可以找到。"[17] 正是因为优美的《赋格的艺术》，几个世纪以来，作曲家才能理解并重新创作巴洛克风格的艺术作品。他清楚地展示了如何创作赋格或卡农，任何学生都可以一学就会，即使水平不如大师，他们也能掌握基本形式。

作为模范人物，J.S.巴赫的一生也是如此，他用不断变化的技巧，完美地打磨自己的作品——因此，他的音乐充满了欢乐、爱和奉献。听听勃拉姆斯的建议吧，我们不仅要在音乐方面学习巴赫，还要向巴赫学习如何改变我们的生活。

每个人都有与生俱来的禀赋。有些人在年轻时就崭露头角，比如J.S.巴赫，他少年成名，15岁时用管风琴演奏出了人们认为不可能完成的作品，20多岁时他成为一位著名的作曲家。有些人则晚一些才找到自己喜欢的职业，就像我的很多学生一样，他们在大学和研究生院学习多年后，才开始变得游刃有余。还有一些人发现自己在错误的方向走了一段时间后才找到自己的职业，比如我采访过的一位建筑工人，在完成科学方面的高等教育后，他才发现自己喜欢建筑业。或者像我一样，一开始百分百认为音乐是自己一生追求的事业，直到老天爷将它从我的手中夺走，我只好去其他领域寻找自己的事业，最终来到了社会科学这一领域。

天赋是人们安放激情的美好世界，无论你如何发现自己的天赋，一旦找到了，年轻的你就会不顾一切地投身这一美好世界。但是，请不要太在意在这一过程中所取得的世俗意义上的成功——在合适的时间做合适的事情，准备好根据能力变化来调整人生的方向。即使世俗声望下降，你也要学着顺天应命。“山重水复疑无路，柳暗花明又一村”，每一次环境的变化都是新的学习、成长和创造价值的机会。本章想告诉读者的是：**转型是顺其自然，而不是山穷水尽；只有转型，才不会错失良机，这机会只会出现在人生下半场。**

巴赫并不知道，在他死后的一个世纪，人们重新发现了他以教师身份写就的作品，并在全世界的音乐会中演奏，使他成为数百万人眼中最伟大的作曲家。他只是认为自己在量力而行，最大限度地利用自己的天赋，娴熟地传授他喜欢的音乐，并为他的孩子们日益增长的声望而欢喜。不知不觉中，他从第一条成功曲线跳到第二条成功曲线。

半世繁华半世僧，人生下半场，要用智慧度人。与他人分享你认为最重要的事物。度人如度己，用智慧度人会让自己变得更好，这就是岁月给你的奖赏。

跳上第二条曲线吧

对奋发向上者来说，度过人生下行期的诀窍就是：跳上第二条曲线。从流体智力带来的功名利禄恋恋不舍，转向关心晶体智力所带来的更有价值的东西——用智慧度人。

显然，我不能就停在这儿。知易行难，知道下一步该跳上第二条曲线是一回事，但如何从第一条曲线上跳下来是另一回事。跳上第二条曲线很难很难，因为奋发向上者不甘心归于平淡——他们的人生座右铭是永不言弃，他们只会更奋发向上。然而，你已经看到了数据，数据不会撒谎。年龄到了，继续留在第一条曲线上，试图力挽狂澜是行不通的。

因此，本书的其余部分将帮你从第一条曲线上跳下来。首先，我将告诉你，阻碍你继续前行的三种力量，以及如何消除它们。它们分别是：你对事业和成功的迷恋，对世俗奖赏的不舍，以及对职业能力衰退的恐惧。然后，我会告诉你，在第二条曲线上如何做得更好，从现在开始你需要做三件事：发展人际关系，开始你的精神之旅，坦然接受自己的弱点。最后，我会告诉你，转型后你会有什么样的感受。

接下来的讨论会涉及很多领域，这里可用一句话概括：第二条曲线确实存在，并且你可以跳上去，如果你跳上去了，你会很幸福。

第三章
摆脱渴望成功的瘾

写这本书时，我和一名与我年龄相仿的女性有过一次深谈，或许这是我所经历的最深入的一次交谈。她在华尔街工作，既有钱又有地位，堪称人生赢家。

然而，近年来她开始差错不断。作为一名管理者，她做决定时不如以前果断，她的直觉也不如从前可靠。曾经她是团队的主心骨，如今年轻的同事们却对她心存疑虑。对即将到来的职业下行期，她惶惶不安，后来她读到我的一篇文章，于是找到了我。

我问了她很多生活中的问题。她过得不幸福，多年来没有幸福可言——也许她从来就没有幸福过。婚姻失败，轻度酗酒，和上大学的孩子们处得还行——但彼此离得太远，很少见面。她没有几个真正的朋友。她总是加班，工作时间长得不可思议，身体长期透支。工作就是一切——她是“工作的奴隶”，如今令她惴惴不安的是连事业也开始走下坡路了。

既然她公开承认这一切，你可能会想，那她的问题应该好解决。然而事情并非如此简单，我问她为什么不对那些令她不幸福的事情采取补救措施？比如花时间修复婚姻关系，多陪陪孩子，找人帮忙戒酒，保证充足的睡眠，保持更好的身材。我知道，拼命工作的首要目标是成功，但是当你发现这么拼也会让自己的生活一塌糊涂时，你得想办法解决问题，对不对？你可能喜欢吃面包，但如果麸质不耐受你就不能再吃了，否则会生病。

她想了几分钟。最后，她看着我，面无表情地说："也许我更想要的是成为人上人，而不是幸福。"

看着大惊失色的我，她解释道："去度假，与朋友、家人共度时光等令自己幸福的事情，任何人都可以做到，但不是每个人都能成就一番大事业。"话音刚落，我嗤之以鼻，但后来私下里我又想了想，意识到其实在人生的某些时间节点，我也做出了同样的选择。坦白地说，在大多数时候我的选择和她一样。

多年来，这位金融家精心打造了一个令旁人艳羡不已的自我，甚至连那些已经过世的人比如她的父母，都为她所打造的这个"她"骄傲。更重要的是，她自己也想活成这样：一位事业有成、勤力敬业的高级管理人员。她成功了！但是，万物皆有朽，现在她如坐针毡，工作所带来的幸福逐小时递减，不仅幸福感降低，权力和威信也大打折扣。她的问题在于她所打造的那个“人上人”并不是一个完整的人。可以说，她跟自己做了一笔交易，用一个活生生的真实自我去交换了一个标签符号化的自我。

我们也经常这么评判他人，用一两个令人羡慕的特征，比如貌美如花、有钱或位高权重，给他们贴上标签，这就是“物化”。社会名流们经常念叨物化有多可怕，比如为了金钱所缔结的婚姻就是物化的婚姻，这种婚姻一定不会很幸福。

我们心里清楚，物化他人是错误的，是不道德的。但一不留神，我们就忘了这一教诲，我们还会物化自己。这位金融家朋友将自己物化成人上人，她用工作、成功、世俗的奖赏和骄傲来定义自我。当离这些目标越来越远时，她依旧执着于这些世俗意义上的成功，而不愿改变。事实上，改变可以给她带来幸福。

她是个工作狂，骨子里迷恋成功，上了瘾。就像所有的成瘾者一样，她缺乏人性化的东西。她没法将自己当作一个完整意义上的人，她将自己视为一台高性能的机器，这台机器曾经性能很好，但现在开始折损。

不知你能否感同身受。在这一章中，我们将深入探讨物化自我、工作成瘾，以及导致对成功上瘾等问题的根源，这些问题与不断下降的流体智力曲线密切相关。但更重要的是，我将告诉读者如何摆脱这些问题的控制，跳上另一条曲线，走向新的成功。

沉迷工作，无法自拔

“也许我更想要的是成为人上人，而不是幸福。”

这位金融家的话触动了我模模糊糊的记忆，但到底是什么事，我一时半会儿又想不起来。后来我想起来了，是几年前我与一位朋友的一次谈话，他花了很长时间戒酒、戒毒。他说，他很清楚地知道，酗酒、吸毒令他极不幸福。于是我问了他一个简单的问题：“既然这么痛苦，你为什么还要酗酒、吸毒呢？”和这位金融家一样，他想了一会儿告诉我：“也许我更在乎的是快感，而不是幸福。”

就在那一刻，我突然意识到，这些选择成为人上人而不要幸福的人是瘾君子。也许这么说让你觉得很奇怪。也许在你的想象中，一个对酒精欲罢不能的人应该穷困潦倒，为了逃避这个残酷的世界，他只能用酒精麻醉自己；但你可能想不到，他是一位奋发图强的成功人士。这种人不太可能酒精成瘾，对吧？你错了。根据经济合作与发展组织的数据，随着受教育程度和社会经济地位的提高，人们喝酒的可能性也会提高。[1] 一些人认为，高压职业的从业者喜欢用酒精自我治疗，甚至会喝到断片儿，酒精像一个开关，它可以使焦虑暂停——从我自身的工作经历来看，确实如此。

但令奋斗前行者上瘾的并不只有酒精，甚至很难说酒精成瘾是他们所遭遇的最糟糕的成瘾症。工作狂是我见过的最讨厌、最要命的成瘾症之一。20 世纪 60 年代，心理学家韦恩·奥茨忙得昏天黑地，连儿子来办公室见他都要预约，后来奥茨创造了“工作狂”这个词。1971 年，奥茨将工作狂定义为“强迫自己或者不能自拔地拼命工作的人”。[2]

很多事业有成的人都是工作狂。请看看他们的工作时长，根据《哈佛商业评论》的调查数据，在美国，首席执行官平均每周的工作时长为 62.5 小时，而普通工人每周的工作时长是 44 小时。[3] 我的日常工作节奏也是如此，在担任首席执行官的 10 年里，每周的工作时长从不少于 60 小时。许多领导者有过之而无不及，他们几乎没有时间去顾及工作以外的人际关系。

那些加班加点工作的领导者经常告诉我，为了把工作做得尽善尽美，他们别无选择，只能疯狂加班。我不相信这种说辞。在稍稍研究一下自己和别人的生活后，我发现工作狂陷入了一种恶性循环：他们的工作强度远远高于常人，为了继续维持超高的工作效率，他们更有“必要”保持这样的工作强度。他们之所以继续往前跑，不是因为高效的工作会给他们带来奖赏，而是担心被别人赶超。很快，在工作面前，人际关系、户外活动通通靠边站。在工作狂眼中，除了工作，别的事情都不值得干，这反过来又加剧了上述恶性循环。工作狂容易感到恐惧和孤独，恐惧和孤独又助长了工作狂。

治疗师通常用下面三个问题来诊断某人是否为工作狂：

1. 你经常用自由时间去工作吗？

2. 不工作的时候，你常常惦记着工作吗？

3. 你的工作业绩是否远远超出了基本要求？[4]

不过，我认为这种诊断框架并没有触及问题的根本。我敢说不管他们是不是“工作狂”，本书的绝大多数读者对上述问题的回答都是肯定的，因为与为了不被炒鱿鱼而敷衍了事的人相比，他们真的是在享受工作，追求卓越。努力工作并乐在其中并不会让人成为工作狂。

然而，很多我认识的人都是工作狂，曾经的我也是，对此，我觉得有点儿不好意思。在我看来，下列问题更适合用来诊断是否为工作狂：

1. 你是不是上班忙到筋疲力尽，以至于下班后没有精力与所爱之人相处？是不是只有当整个人被抽空时，你才停止工作？

2. 你会偷偷加班吗？比如，在某个周日当配偶离开家时，你是否会立即开始工作，然后在她或他回家前收好一切，假装自己什么也没干？

3. 当有人比如你的配偶，建议你忙里偷闲，陪一陪家人，这时候即使你手头没有立马需要完成的工作，你依然会感到焦虑、不高兴吗？（顺便说一句，写到这的时候，我也有点儿生气与抵触。）

如果你离不开工作，就像酗酒者离不开酒精一样，那你就是工作狂。关于工作狂与家庭之间的关系，心理治疗师布莱恩·E. 罗宾逊写过很多文章，他指出工作狂的行为模式与酗酒者类似，他们都与配偶关系疏离。[5] 由于成瘾者常常感到被人误解、遭人攻击，他们行事诡秘，独来独往。他们的配偶也常常觉得被他们忽视了，心里很不好受。对工作狂来说，婚姻破裂是常有的事。[6] 工作狂却强词夺理，说配偶同他离婚是狼心狗肺，忘恩负义。写这本书时，一个男人跟我抱怨："我的妻子既要锦衣玉食，又因我忙于挣钱没时间陪她而生气。"

工作狂深信，每天工作 14 小时是成功的法宝，但实际上，如果卷成这样，工作效率可能极低。经济学家们早就指出，只要每天的工作时长超过 8 小时或 10 小时，人的边际生产效率就会下降。[7] 你可能已经注意到，如果一天工作 12~14 小时，到了晚上，几乎任何事情都可以让你分心。人的注意力是不可能维持那么久的，尤其当他干的是久坐不动的工作时。

所有成瘾者的共同点是，他们都与那些不值当的东西建立了不健康的关系，比如酗酒、赌博、他人的赞誉，当然还有工作。在工作狂的生活中，工作占据了主导地位。因此，他们会在周年纪念日出差，他们会错过少年棒球联赛。那些为了事业放弃婚姻的人——也可以说他们“和工作结婚”——心里清楚得很，美满的婚姻（与另一个人结婚）能带来幸福，任何工作都带不来这种满足感。道理都明白，但行动不到位，这让那些拥有正常工作模式的人很困惑，为什么会这样？但是，就像猎人逡巡在灰熊和灰熊幼崽之间一样，工作狂也在疯狂工作和正常工作之间犹豫不决。

工作狂把自己囚于工作的牢笼。但更要命的是，工作狂还会让自己陷入既有的工作模式中无法自拔，因为他害怕一旦从疯狂的工作中抽身出来，将会失去自己觉得最重要的东西。在这种情形下，工作狂想要跳上另一条新的曲线，几乎是不可能的。

成功也会上瘾

在寻找问题的解决方案之前，我们还需要再深入一点。

没错，酗酒者对酒精上瘾，但实际上，真正令他们成瘾的是酒精对大脑的影响。

工作狂也是如此。真正令工作狂上瘾的不是工作，而是成功。他们为了金钱、权力和声望而忘我地工作，因为这些是赞赏、喝彩和赞誉的外在形式——就像所有令人上瘾的东西如可卡因、社交媒体一样，它们会刺激多巴胺这种神经递质。[8]

为什么会变成工作狂？接受我访谈的人给出的理由是：成功所带来的刺激虽然短暂，却能抵御黯淡无光的平凡生活，成功可以让他们摆脱令人沮丧的基线情绪。一想到自己只是一名“凡夫俗子”，他们便惶惶不可终日，于是，为了得到来自陌生人的赞赏与肯定，他们埋头拼命工作，无暇关心身边的爱人。其实这么想完全是错的。

但是，对历史上那些最伟大的奋斗前行者而言，这种工作模式却极其普遍。以温斯顿·丘吉尔为例，他或许是 20 世纪最有影响力的政治家。他经常提起缠住自己不放的“黑犬”——抑郁症，“我心中的抑郁就像一只黑犬，一有机会就咬住我不放。”他用威士忌、忙碌不休以及对伟大的强烈渴求来缓解自己的抑郁症。为了不让自己饱受折磨的心灵荒芜长草，战时首相丘吉尔在密集的工作日程中见缝插针，笔耕不辍，写了 43 本书。

同样地，亚伯拉罕·林肯也患有重度抑郁，他甚至有过自杀的念头，他曾向朋友承认因为担心自杀，他从来都不敢在口袋里放刀。[9] 很多历史学家都认为，林肯是诗歌《自杀者的独白》的作者，1838 年这首诗发表在伊利诺伊州斯普林菲尔德的《圣加莫周刊》上。下面是这首诗的一小段：

> 甜蜜的钢铁！从你的鞘里出来吧，
>
> 闪闪发光，展露你的力量；
>
> 撕裂我的呼吸器官，
>
> 让我鲜血淋漓！

林肯一参加重要活动就会有这种倾向，显然，这就是精神病学家约翰·加特纳所说的"轻躁狂边缘"，成就极高的人抑郁症发作时，经常会出现这种间歇性的轻躁狂。[10] 在接受抑郁症正式治疗之前，林肯尝试了从可卡因到鸦片等所有方法。但对他来说行之有效的方法总是工作与世俗意义上的成功。

在圣奥古斯丁写于公元 400 年左右的《忏悔录》中，有一小段精彩的描写。他首先描述了在别人眼中，他对成功永不满足的追求："我热衷于名利……我的心惦念着这件事，燃烧着狂热的思想。"（每个对成功上瘾的人都深有同感。）然后，他描述了自己在米兰大街上遇到一个乞丐时的景象，他暗自羡慕："他很幸福，我却很焦虑；他无忧无虑，而我充满恐惧。"

也许对成功上瘾有助于人类进化。据说，成功提高了人类基因的适应性，令他们更有吸引力（直到他们毁掉自己的婚姻为止），这是有道理的。但是，想要一直被人关注、成为人上人的代价可不低。除了少数真人秀明星和社会名流，对多数人来说，成功意味着暗无天日地忘我工作，以及各种牺牲。20 世纪 80 年代，外科医生罗伯特·戈德曼研究发现，一半有抱负的运动员愿意用 5 年后的死亡来换取今天的奥运金牌。[11] 约翰·弥尔顿在诗歌《利西达斯》中写道："声名是清晰的精神举起的鞭策……以蔑视欢愉，终日辛勤劳作。"

欲壑难填，对成功上瘾的人永远不会觉得"成功够了"。每次成功之后，他们会兴奋一两天，接着就会期待下一个成功的刺激。"靠成功来找快感的人是不幸福的。"著名前一级方程式赛车手亚历克斯·迪亚斯·里贝罗写道，"对这种人来说，成功的事业止于终点线。他的命运要么是死于自怨自艾，要么是在其他事业上取得更大的成功，并永不停歇地从一个成功奔向下一个成功，直到死去。就这样，他们用事业成功消灭了个人生活。"[12]

自我物化

我很小就知道，物化他人是有罪的。作为一名男性，在成长的过程中，父亲千方百计地要我将这一教诲谨记在心，我从来都不会只根据他人特别是女性的生理特征去评判其行为。因为这样做就是剥夺了他们的人性，可谓罪不可恕。

这种道德教诲并不新奇，也没有什么特别的宗教意义。它也是哲学家康德所关注的核心主题之一，“一旦一个人成为他人欲望的对象，道德关系的所有动机都会失灵，因为当一个人成为另一个人觊觎的对象时，他就会被物化，任何其他人都可以如此对待和利用他。”[13]

相关讨论几乎完全集中于性物化，以及它如何令人不幸福，但还有很多其他形式的物化，比如被工作物化。这是卡尔·马克思关注的重点。马克思在《1844 年经济学哲学手稿》中写道：“人的幻想、人的头脑和人的心灵的自主活动对个人发生作用不取决于他个人……他的活动属于别人，这种活动是他自身的丧失。”[14] 这是马克思对资本主义的控诉，作为一种经济和社会制度，资本主义不会为人类带来幸福，它使人类成为机器的一部分，为了维持生产力，机器抹杀人性。在这一过程中，人被物化、被简化了。

我认为马克思所说的将人物化为工人会摧毁幸福是对

的。2021 年，两名法国研究人员在《心理学前沿》杂志上发表了一篇文章，基于人在工作场所中被物化、不被视为主体的感觉，他们开发了一种测量人被物化的方法。[15] 正如他们所指出的，工作场所对人的物化会导致精神崩溃、工作不满、抑郁和性骚扰。

反对物化他人的道德理由非常明确、直观。但是，当工具化的主体和工具化的客体是同一个人时，即自我物化，情况则会变得更复杂。关于自我物化，学者的定义是：一个人从第三人的视角看待自己，而不考虑自己的整体人性。[16] 比如，一个人盯着镜子看着自己的外表，要么觉得自己一无是处，要么感觉满足而快乐。又如，在工作中，人们根据工作表现或职业地位来判断自己有没有价值。

自我物化降低了人的自我价值以及他们对生活的满意度。研究表明，女性将其身体物化（实际上，几乎所有的研究都集中于此）会导致身体羞辱和自卑，从而降低她们对生活的满意度。[17] 即使是那些特别有吸引力的人，物化身体也不可避免地导致他们的非人性化和自我贬损：一定是你的身体有问题。显然社交媒体为自我物化提供了新的平台，导致问题变得越发严重，自我物化变得比以往任何时候都容易。[18]

对年轻女性的研究表明，自我物化会让女性隐藏自身、缺乏自主性，饮食紊乱和抑郁症均与之直接相关。[19] 自我物化还会降低人们在日常工作中的能力。在 2006 年的一项实验中，79 名年龄为 19~28 岁的女性被随机分配试穿毛衣或泳衣，照全身镜，完成一份关于自我形象的问卷，再完成一项识别颜色的例行任务。[20] 研究人员发现，在实验的诱导之下，穿泳衣的女性觉得“身体就是我的全部”，这影响了她们的判断力，她们识别颜色的速度明显比穿毛衣的女性慢。

被工作物化的人认为“工作就是我的全部”，对这一现象，目前还没有它对幸福感及能力的影响等研究。但常识告诉我们，这也是一种专制，和物化身体一样可恶。我成了马克思笔下无情的奴隶主，只将自己看作经济人，无情地对自己挥着鞭子。为了给“我成功了吗?”找到一个暂时的积极答案，我们以牺牲爱与乐趣为代价，没日没夜地疯狂工作，将自己从真人活成了宣传纸板上的假人。然后，当职业开始进入下行期时，我们孤苦伶仃，无依无靠，并不可避免地被人遗忘。

在 1964 年出版的《理解媒介》中，马歇尔·麦克卢汉有一句名言：“媒介就是信息。”[21] 他指出，在著名的希腊神话中，纳西索斯①爱上的不是自己，而是自己在水中的倒影。

① 纳西索斯，意为水仙，是古希腊神话中极度自恋的少年。一次，纳西索斯打猎归来，在池水中看见了自己俊美的脸。他于是爱上了自己的倒影，无法从池塘边离开，最终憔悴而死。在纳西索斯死去的地方长出了一株水仙花。——译者注

当我们将自己物化时也是如此，工作只是我们的媒介，是有关我们的信息。我们喜欢的是自己成功的形象，而不是真正的自己。但是，工作并不是你的全部，也并不是我的全部（我也必须提醒自己）。

骄傲、恐惧、社会攀比和戒断反应

从根本上说，自我物化与骄傲有关。在现代社会中，人们常常认为骄傲（自豪之意，下同）是一件好事，用它来表示欣赏之意。例如，我告诉我的孩子，我为他们骄傲。又或者我也可以毫不尴尬地说，我为这本书骄傲。但人们是在最近才赋予骄傲一词这种新含义。在几乎所有的哲学传统中，骄傲都是一种可怕的品性，它会从里到外腐蚀一个人。佛教徒称之为“玛纳”，在梵语中“玛纳”意指心灵膨胀，目中无人，以自我为中心，最终陷入无涯苦海。在托马斯·阿奎那笔下，骄傲是指过度渴望实现自身的卓越，它是一种自我折磨。[22] 在但丁的《神曲》中，撒旦是被可怖的骄傲所折磨的牺牲品，他扇动着怪诞的、蝙蝠般的翅膀，带起阵阵寒风，制造出冰天雪地，他的腰部以下被坚冰封住，动弹不得，痛苦不堪。

骄傲是狡猾的，它隐藏在美好的事物之中。圣奥古斯丁敏锐地观察到："每一种罪恶都与恶行有关，但为了消灭善行，骄傲竟潜伏在善行中。"[23] 确实如此，一个人努力工作，本来是为了实现人生意义和目标，但他竟然异化成了工作狂，破坏了自己与他人的关系。成功，本来是追求卓越，但变成了一种瘾。这一切都是因为骄傲。

恐惧是骄傲的表亲。对许多沉迷毒品和酒精的人来说，他们之所以欲罢不能，是因为他们恐惧过"正常"生活，害怕身处其中的挣扎、压力和无聊。对成功上瘾的人常常充满恐惧——对失败的恐惧。

关于恐惧失败，研究成果很多。例如，研究人员发现，大学生最恐惧的是公共演讲；一些学者曾断言，人们对公共演讲的恐惧甚至超过了死亡。[24] 我发现，越是奋发向上的学生越害怕公开演讲，因为他们害怕丢脸，似乎在任何事情上都输不起，哪怕是一次傻傻的课堂演示。恐惧失败不仅折磨年轻人和缺乏经验的新手，根据 2018 年的一项调查，90% 的首席执行官也承认"恐惧失败比其他任何担忧都更让他们夜不能寐"。[25]

恐惧会刺激所有对成功上瘾的人。哲学家让-雅克·卢梭在《忏悔录》中写道："我不恐惧惩罚，我只恐惧耻辱；与恐惧死亡、犯罪相比，我更恐惧耻辱，我对它的恐惧超过世界上其他任何东西。"[26] 对此，你感同身受吗？

可悲的是，这些输不起的人不会从他们所取得的实际成就中感到快乐，他们往往极度焦虑的是自己在关键时刻表现不佳。[27] 换句话说，他们的动机不是获得成功和有价值的事物，而是害怕把事情搞砸了。

这些都是完美主义者的人格特质。事实上，完美主义和恐惧失败如影相随，它们让你相信，成功不是好好做事，而是不把事情搞砸。如果你也恐惧失败，你就会明白我的意思。就像著名的登山者乔治·马洛里所说，我们之所以攀登一座山，是因为“山就在那里”，这么想的话，登山应该是一段令人兴奋的旅程，但如果我们将所有精力都集中于不从悬崖上摔下来，那登山就成了令人疲惫的痛苦跋涉。

与此同时，完美主义者认为自己与众不同——研究表明，他们相信自己有更强的能力、更高的标准，能够取得比其他人更大的成就。这通常是真的！在与他人比较中所产生的优越感暂时给了完美主义者安全感，但绝不甘拜下风的想法又让他们充满恐惧，仿佛灾难性的失败马上就要来了一样。当我认为自己比别人更优秀，当“比别人更优秀”成为我身份的核心标签时，对我来说，失败是不可思议的。因为失败会宣布我不配做那个被物化的“优秀的我”。这与死亡无异。

许多对成功上瘾的人承认，当看到别人比自己更成功时，会觉得自己是一败涂地的失败者。从根本上说，成功意味着地位，它能提升我们在社会中的地位。几十年来，社会科学家已经证明，社会地位这种东西并不会给人带来幸福。即使是金钱，人们口口声声说喜欢它，也仅仅是因为它能应买尽买，极大地提升了人的社会地位。就像一位僧侣曾经提醒我的那样，人只有十个手指却要买二十枚戒指。人类天生就热衷于成为“人上人”。

为了社会地位去追求世俗意义的成功，很容易让人执迷不悟。问题是就像所有让人上瘾的东西一样，这种成功最终是西西弗斯①式的——循环往复、欲罢不能，它既不能带来满足，也不能给人带来平静。面对名声、财富、权势，人们无法自持，永不满足。1851 年，在社交媒体出现之前的一个半世纪，哲学家亚瑟·叔本华写道：“财富就像海水，越喝越渴，名声也是如此。”如今由于社交媒体的出现，问题糟糕了 10 倍。[28]

与此同时，在成功者排行榜上一直保持遥遥领先也是一项艰巨任务。一位颇有名气的音乐家曾经告诉我，名气和保

① 西西弗斯是希腊神话中的人物。西西弗斯触犯了众神，诸神为了惩罚西西弗斯，便要求他把一块巨石推上山顶，而由于那巨石太重了，每每快到山顶就又滚下山来，于是他就不断重复、永无止境地做这件事，诸神认为再也没有比进行这种无效无望的劳动更为严厉的惩罚了。西西弗斯的生命就在这样一项无效又无望的劳作当中慢慢消耗殆尽。——译者注

持名气既无聊又令人恐惧，苦不堪言。

据说，美国总统西奥多·罗斯福把社会攀比称为“偷走幸福的小偷”。不管这话是不是他说的，事实确实如此。研究人员早就发现，社会攀比会降低幸福感。[29] 实际上，你并不需要研究者来告诉自己这一事实，只要花几个小时浏览社交网站，你立马就会觉得自己无比差劲。为什么？因为你将自己的成功与你想象中他人的成功进行比较，但实际上他人所分享的信息未必真实，他人未必如你看到的那么成功。这种攀比只会让人不开心。

社会攀比、恐惧失败和完美主义如同但丁笔下的骄傲冰海，将你冰封在原地动弹不得，你总想着别人对你的评价，或者更糟糕的是，你总发愁如果事情没办成或没办好，该如何给自己一个交代。这些都是成功成瘾的后果。最重要的是它会导致戒断反应。

对酗酒者来说，戒酒肯定是一种痛苦的身体体验。但如果和曾经的酗酒者聊一聊，你会发现问题远不止于此。请记住，对酗酒者来说，酒精是他所依赖的一种关系——这种关系可能是他最亲密的友谊。戒酒意味着酗酒者失去了这种亲密关系。因此，戒断会导致戒断反应，对戒酒者来说，戒断酒精后他就会一无所依，掉入一个空虚的深渊，再也感觉不到人间的真正美好。

对成功上瘾的人也会经历戒断反应。在华盛顿特区智库从事管理工作时，我经常看到这种情况。当政治家们从政治舞台上谢幕，退居幕后——有时是出于自愿，有时不是，他们往往痛苦不堪。他们几乎只谈论往昔岁月。他们憎恨那些曾经追随他们，但现在从不向他们寻求帮助和建议的人。

启动转型

也许在阅读这一章之前，你从来没有意识到自己对成功上了瘾，也许直到现在你依然拿不准自己是不是有成功瘾。让我们来做个小测试。

1. 你会用职业头衔或职位来定义自己的价值吗？
2. 你会用金钱、权力或声望来衡量自己的成功吗？
3. 对最近一次事业上的成功，你是不在乎还是不满意？
4. 你的“退休计划”会一直坚持下去吗？
5. 你是否会梦想自己因事业成功而被人铭记？

如果你对上述其中一个问题的回答是肯定的，那很有可能你对成功上瘾了。顺便说一下，第一次测试时，我拿了满分，5 道全中，所以，你不用太难过。

尽管你在生活和事业上取得了成功，但如果没有解决成功成瘾问题，你将很难从自己以往擅长的领域转向现在擅长的领域。转型并不容易，但幸运的是，转型并不需要你去贝蒂·福特戒断中心[①]待一阵子，也不需要你放弃工作。（这是幸运的，如果你像我一样需要养家糊口。）

然而，这确实需要你坦诚地面对现实，并承诺做出改变。如今你所拥有的东西成了问题，你需要处理它，但旧的解决方案不奏效，而且你还想要幸福。顺便说一下，面对现实永远是戒断的第一步。就像戒酒互助会计划的第一步：承认自己对酒精无能为力，承认自己已经无法掌控自己的生活。

如果想要幸福，你就得坦诚地说出来：我真诚地渴望幸福，愿意成为一个世俗意义上的平凡之人，不再物化自己。你必须谦卑——骄傲的反面——地表示自己愿意轻装上阵。

我曾在自己身上做过一个对自己帮助很大的小实验。20世纪早期，一位名叫拉斐尔·梅里·德尔瓦尔·苏卢埃塔的西班牙天主教徒，创作了一首优美的祷文，名为“谦卑祷文”。祈祷并不是要让我们蒙羞，而是要让我们有勇气克服对羞耻的恐惧。“出于对羞耻的恐惧，救救我吧。”他恳求

① 该戒断中心为美国第38任总统杰拉尔德·福特的妻子贝蒂·福特于1982年建立，旨在帮助人们戒除药物致瘾。——编者注

道。受此启发，当发现自己被工作狂、骄傲、恐惧失败、完美主义或社会攀比束缚时，我就会去写一小段祷文，这是让我跳上第二条曲线的力量。不管你是否有宗教信仰，你都可以用这个方法——关键是说出你的不良嗜好，表达你想要自由的愿望。

让我将生命中的爱人看得比事业重要，拯救我吧。

让我摆脱工作，拯救我吧。

让我摆脱总想赢的心魔，拯救我吧。

让我摆脱世人空虚承诺的诱惑，拯救我吧。

让我摆脱事业至上，拯救我吧。

让我摆脱骄傲，拥抱爱，拯救我吧。

让我从脱瘾的痛苦中走出来，拯救我吧。

让我从对堕落和被遗忘的恐惧中走出来，拯救我吧。

下一步，放下身外之物，轻装上阵

和大多数的奋斗前行者一样，你可能花了几十年的时间试图取得世俗意义上的成功，我告诉你，现在你要与这些本能背道而驰。一旦你开始了这段新的旅程，你会发现，自己为之奋斗的很多东西其实只是为了打造自己眼中以及他人眼中的那个“自我”，从而证明自己是成功的、独一无二的。有些东西是实实在在的战利品，如“社会地位”，拥有这些战利品也许能说明你对世界很重要。当然，战利品也可以是房子、汽车和船只。但如果你认为这些战利品不重要（对我来说，它们不重要），或者你的成功不是挣到了大钱，请不要自鸣得意，觉得自己是自由的。因为你看重的战利品可能是声望，如社交媒体上的粉丝量、名人朋友，或者按世俗标准住在一个很酷的地方。

重点是，你的“人上人”人设已经像一吨重的藤壶压着你。这些东西不能给你带来任何真正的满足与平静，它们只会让你负重前行，无法跳上下一条曲线。[30] 因此，你需要放下一部分身外之物，轻装上阵。但是，放下哪些身外之物呢？

如果经历过从大房子搬家到公寓，你就知道，搬家中最难的环节是弄清楚自己不需要什么。你仔细端详着每一个物件，它唤起了你的回忆：“我花了很多钱买这个，日后可能还会用得上！”同样，当你想摆脱“人上人”这一错误形象时，你可能担心将来会后悔。

如何轻装上阵是我们的下一个话题。

第四章

放下身外之物

如果你去过中国台湾，一定不会错过台北故宫博物院。可以说，这里收藏了世界上最了不起的中国艺术品和文物，包括从 8000 年前的新石器时代到 20 世纪早期的 7000 多件永久馆藏品。

如果一定要吹毛求疵的话，那就是台北故宫博物院的馆藏量实在是太惊人了。一次要全部参观完只能走马观花。如果没有导游的指引，参观很快成了访客在陶器、版画和雕刻作品前的列队游行。最终，所有的文物看起来都一个样儿，最难忘的可能是小吃店。

因此，在几年前的一个下午，为了好好欣赏台北故宫博物院的馆藏品，我请了一名导游带着我去了解这些著名的艺术品，由他向我介绍它们的艺术和哲学内涵。万万没想到的是，仅仅因为问了一个问题，导游跟我讲了一些可能改变我人生的哲理。

在一尊巨大的清代玉雕佛像前，导游随口说道，这尊佛像恰到好处地呈现了东方艺术观与西方艺术观的不同。

“有怎样的不同？”我问他。

他用一个问句隐晦地回答了我的问题：“你想象中的一件尚未开始创作的艺术作品，是什么样的？”

“一张空白画布。”我回答。

“没错。那是因为你们西方人认为艺术是从无到有的创造。而我们东方人认为，艺术早已存在，艺术家的责任仅仅是去发现它。艺术之所以存在，不是因为艺术家的创作，而是因为他舍去了那些不是艺术的部分。”

在我看来，尚未开始创作的艺术品是一张空白画布，而这位导游却告诉我，它是一块未经雕琢的玉石，最终它被艺术家雕琢成眼前这尊佛像。我认为艺术品诞生于创作者的想象和雕刻。而他则认为，作为艺术品的雕像早已存在，“雕琢华饰之务，悉皆弃除，直置任真，复于朴素之道者也”。

对于雕塑来说，这个隐喻既简单又明了。但是，对于音乐来说，这个隐喻就有些令人费解了。当然，它也并非完全让人无法理解。一位来自印度的音乐家曾经问我，在听勃拉姆斯的交响乐时，我是如何“听到音乐”的？起初我不懂他在讲什么，毕竟，当一支由 85 名演奏者组成的管弦乐队以 100 分贝的声音演奏时，人们很难听不到音乐。他说，在他看来，太多的演奏者同时演奏，使得乐声模糊难辨。这就是西方古典音乐和印度古典拉格①的本质区别，前者不断地加入声音，直至“正确”的音乐出现。因此，演奏勃拉姆斯的交响乐需要一支庞大的管弦乐队；而印度古典拉格则舍弃了所有掩盖“真正音乐”的声音，因此，演奏拉格只需要几名音乐家合奏。

艺术反映生活。在西方，避免失去以及积累更多的金钱、成就、人脉、经历、声望、拥趸和财产是通往成功和幸福的不二之道——至少我们是这么认为的。然而，大多数东方哲学则告诫人们，这种占有欲会导致物质主义和虚荣，让人迷失本性，离幸福越来越远。[1] 为此，我们需要凿开生命的玉石，找到真我。

在西方，随着年龄的增长，人们通常认为应该用很多赞誉与奖赏来证明自己的存在。然而，按照东方的思维，这种想法并不可取。随着年龄的增长，我们不应该用做“加法”来证明自己的存在，而应该做“减法”，去除那些虚华的装饰，呈现真正的自我，循此之道，我们才能找到自己的第二

---

① 拉格（Raga）是印度古典音乐旋律所用的调式，由四至七个音组成，可以构成不同的旋律。拉格不仅是调式，同时也决定每个音是怎样演绎，每个拉格有独特的感情和气氛。拉格来自梵文，原意是“染色”，也指激情、爱、欲望和欢欣等情绪对心境的影响。因为印度人相信人的心境是空性的，故此情绪就像心灵上的一层染色。——译者注

条曲线。正如中国春秋时期的老子在《道德经》中所言：

> 化而欲作，吾将镇之以无名之朴。
>
> 无名之朴，夫亦将不欲。
>
> 不欲以静，天下将自定。[2]

当读到老子思想时，我正在为写作本书做前期研究，老子彻底俘获了我。毕竟，我是在艺术的熏陶中长大的，不仅我本人是一名音乐家，我的母亲也是一名职业画家。一直以来，我都认为创作是自己的天命。在我看来，空白画布是一个完美的隐喻。最幸福的日子就是铺开空白画布，等待着它被自己的各种想法以及创见填满。

但是，当事后回味我与这位导游的交谈时，我才意识到，步入人生下半场后，这种西方式的隐喻可能不再适合我了，实际上它可能会成为我获得幸福、安宁生活的障碍。

50多岁时，金钱、功名、人脉、意见和承诺占据了我的生活。我问自己："幸福生活的正确模式真的是不断累积这些身外之物，直到死去吗?"显然，答案是否定的。这一策略注定是徒劳无功的，更糟糕的是随着第一条成功曲线的日渐下行，以及随之而来的一分耕耘不再会带来一分收获，这一策略的回报只会越来越少。

为了离开第一条成功曲线，并跳上第二条成功曲线，我们要做的不是积累越来越多的身外之物，而是要了解为什么这一策略行不通，然后开始放下这些身外之物，轻装上阵。

遗愿清单

生前得到、占有、体验得越多，人就越幸福，这一幸福策略被称为“遗愿清单”。如果用谷歌搜索“遗愿清单”，大约有 8000 万个搜索结果。众所周知，所谓遗愿清单是指列出一个人在生前想看、想做、想得到的全部东西的清单。它背后的理念与用画笔填满画布完成一件艺术作品完全相同，这种理念认为只要一一完成清单所列的事项，人们就会过上充实、幸福的生活。

据我所知，很多人都遵循这一策略行事，毫无疑问，你也一样。有时，我会想起十几岁时认识的一位男士。他是一位出道很早的软件企业家，出身贫寒，刚入行时事业平平。直到快 30 岁时，他抓住了改变人类生活的信息技术创新机遇，在一项至今仍被普遍应用的计算机程序开发上，他的团队取得了重大突破。于是，他一夜暴富，钱多得超出了自己的想象。

从此，他摇身一变，成了一名“成功的企业家”，一位超越同行的精英人物。但是，维持这种特殊身份需要他去开发更多的创新产品。他四处出击，但收效甚微，再也没有取得更多的重大突破。于是，他开始列遗愿清单，购买房子、汽车、各种小玩意、艺术品，以及每一件自己喜欢的昂贵小摆件。他所购买的东西甚至超出了自己的享用能力：家里的餐厅成了仓库，里面堆满了尚未开箱的盒子；画作堆在地板上，连挂都没挂起来；汽车都被闲置。

实际上，有一次他曾满是赞许地向我转述企业家马尔科姆·福布斯的话："死时拥有玩具最多的人，才是人生赢家。"[3] 当时我暗忖，"事实是死时拥有最多玩具的人，依然是死人"。

他对时间和人脉的利用，也反映在他的各种"买买买"上。他经常旅行，确保没有漏掉遗愿清单上的德国古堡、柬埔寨庙宇、北极冰川等景点。他拍了很多的照片，向世人炫耀自己的所见所闻。同样，在生活中，他拥有数百位并不熟悉的朋友，他热衷于与他们合影。他竟然在收集人。

然而，他并不幸福，一点儿也不幸福。他没完没了地吹嘘自己多年前开发的大热产品，昔日的辉煌定义了他那被物化的自我，他期待再来一些新的冒险，继续强化这一自我。与此同时，他收集的物品、获得的体验和认识的人越来越多，显然，这些身外之物已经成为他梦寐以求的成功的替代品，而他所渴望的成功也并未来到。

这不是一个新问题。让我们来看看解决了这个问题的两个人。

从王子到圣贤

1225年，托马斯·阿奎那出生在一个贵族家庭，他是阿奎诺的兰道夫伯爵的儿子，在意大利中部的罗卡塞卡镇的家族城堡中长大。兰道夫伯爵的弟弟（即托马斯的叔叔）辛尼巴尔德在卡西诺山的第一所本笃会修道院担任院长，这一职位拥有巨大的社会声望。作为贵族家庭的儿子，家人期望阿奎那进入修道院接任叔叔的职位，在当时这可是一个人人梦寐以求的职位。

然而，阿奎那对世俗荣誉没什么兴趣。19岁时，他宣布加入新近创立的多明我会①。他觉得自己的真正身份是多明我会教徒。人只有摆脱财富和特权的枷锁，才能找到真正的自我。

但阿奎那的家人不同意。他们认为自己的孩子不应该成为贫穷的无名之辈！（父母经常物化他们的孩子，对吧？）有一次，他们甚至将阿奎那从多明我会教徒那里绑架出来，关

① 多明我会，又译“多米尼克派”，1215年由西班牙人多明我创立。——译者注

在一座城堡里，囚禁了整整一年。即使被关在城堡里，阿奎那依然意志坚定，不改初衷。为了动摇他的信念，他的兄弟们雇来一名妓女引诱他，阿奎那用拨火棍把她赶出了城堡。

最终，阿奎那的家人默许了他的选择，于是，他开始避开尘世杂务，钻研学术，写了大量的哲学著作，实际上，这一选择令他非常幸福。[4] 他不仅选择了永恒的神圣之物，摆脱了尘世间有限之物的羁绊，还成为一名研究神圣之物的专家。在阿奎那看来，那些追随世俗的人选择的是“上帝的替代品”：拜物反而会物化拜物者，这些世俗羁绊永远无法满足人们对幸福的渴求。[5] 然而，即使对宗教信徒来说，阿奎那所列出的这些崇拜之物依然很有吸引力。

它们是金钱、权力、快乐和荣誉。

这四个中的最后一个即荣誉，看似不是一种世俗羁绊。今时今日，荣誉有着非常积极的内涵。我的一个儿子在美国海军陆战队服役，人们希望他“带着荣誉感服役”。然而，阿奎那所说的荣誉并不是这个意思。在他那里，荣誉指的是名声，即社会声望。也许有人觉得自己不会为荣誉所累——“我对出名没兴趣！”但荣誉还意味着社会声望和他人对自己的赞誉，即那些“重要”的人对你的认可，社会声望和赞誉是荣誉的阴险表亲。对于许多成功但又焦虑的读者来说，同行认可或者社会声望确实是一种巨大的世俗羁绊。

阿奎那认为，拜物会令人不幸福，真正的人并不需要这些崇拜物。世俗羁绊是支付给那些被物化的人的伪币。正如他谈论金钱时所说的：

> 在追求金钱与任何世俗之物的过程中……一旦我们得到它们，就会鄙视它们，接着又去追求下一个欲望……一旦拥有了这些世俗之物，我们就更能认识到它们的不足，这恰恰说明它们是不完美的，在其中并不存在至高无上的善。[6]

换句话说，金钱带不来满足感。在阿奎那看来，权力、快乐和荣誉都是如此，它们并不能真正满足人们内心的欲望。

但是，阿奎那并不只是夸夸其谈，他也在生活中践行自己的理念。他不接受世俗社会对伟大的定义，为了寻找真正的自我，他放弃了世俗奖赏，成就了真正的伟大。如果阿奎那是一名杰出的本笃会修道院长，他的生平会被记载在中世纪修道院院长的名录中，时至今日除了正在撰写晦涩博士论文的博士生，知道他的人可能寥寥无几。[7]然而，在今天阿奎那被公认为是那个时代最伟大的哲学家，他对西方思想和天主教会产生了深远的影响。

阿奎那的智慧非常具有实践性，它告诉我们放弃哪些身外之物才能得到幸福。有个派对游戏叫“我的崇拜物是什么?”它是这么玩的：按照你所看重的程度，从低到高，对阿奎那所说的四个世俗羁绊进行排名。也许你不喜欢凌驾于他人之上——权力是第四名。也许有钱很不错，但你不会为了钱去自杀——金钱是第三名。继续排名……对你来说，快乐可能是一个更棘手的问题。你可以控制它，即使它紧拽着你不放——好吧，快乐是第二名。最后就剩下了名声或者说声望、赞赏。它们好像趴在你背上的那只猴子，总想要得到世人的喜爱和关注，这让你觉得有点儿羞耻；但这只猴子又总是在用力拉扯着你，让你不得安生。你的崇拜物控制了你，你得到的越多，就越会物化自己。

阿奎那的故事并不是独一无二的、专属西方的故事。生于公元前624年的释迦牟尼，是位于尼泊尔和印度边境地区的释迦牟尼家族的净饭王之子。释迦牟尼的母亲在他出生后不久就去世了，净饭王发誓要保护好儿子，让他免受生活之苦，国王将他关在宫殿里，这里应有尽有，可以满足他对世俗生活的全部需求和欲望。

直到29岁，释迦牟尼才走出王宫。当时，在好奇心的驱使下，他请一名车夫带他出去看看外面的世界。在王宫外的小镇上，他遇到了一位老人——这是他有生以来第一次目睹活生生的衰老。车夫跟他解释，人都会变老。回宫后，释迦牟尼被这一真相所扰，他要求第二次出宫。

在第二次出宫时，释迦牟尼遇到了一位病人、一具腐烂的尸体和一个虔诚的苦行僧。他再次为世间的疾病和死亡感到难过，但又对苦行僧的行为不解。如果这个人追求的不是自己所纵情享受的世俗之乐，那么他追求的又是什么？车夫的回答改变了释迦牟尼的一生：疾病和死亡困扰着世人，为了摆脱对这些世间的无常与苦果的恐惧，苦行僧放弃了享受世俗之乐。

眼前所见打动了释迦牟尼，第二天他离开了王宫，学习如何像苦行僧那样去面对和承受世间的无常与苦果。在接下来的六年里，他食不果腹，摒弃享乐，但是他并没有顿悟。一天，在他饥饿难耐之际，一个年轻的姑娘给了他一碗米饭。他吃了，在这一刻，他突然顿悟：放弃世俗之乐并不是摆脱世间无常与苦果的关键。他吃饭、喝水、洗浴，然后坐在菩提树下，发誓找不到真理就不起身。

在接下来的几天时间里，释迦牟尼明白了一个道理：摆脱世间痛苦的方法并不是摒弃世俗之乐，而是从对这些事物的执念中解放出来。极端禁欲的苦行主义和放纵恣意的感性主义都是羁绊，都令人不得安生，唯有“中道”才是获得解放与通往自由之道。就在顿悟的那一刻，释迦牟尼成了佛陀。

佛陀制定了一个实用的指南——“四圣谛”，来摆脱这些困扰世人的羁绊。

1. 苦谛：众生皆苦，世人常被无常所患累、所逼恼。

2. 集谛：渴望、欲望和羁绊是世间无常与苦果的因。

3. 灭谛：只有摒弃渴望、欲望和羁绊，人才能摆脱世间的无常与苦果。

4. 道谛：摒弃渴望、欲望和羁绊的方法是遵循佛教的八正道。

来，咱们把这些教义转换成如下问题：我们追求世俗意义上的成功，通过世俗奖赏来满足自己，即使最终它们无法满足我们。如果我们沉迷此道，不能自拔，当得到这些奖赏时，我们依然会不满足，而当我们不再去争取这些奖赏时，就会越发痛苦。解决问题的唯一方法就是摆脱世俗社会的羁绊，重新定义自己的欲望。这就是自我启蒙，它是通往第二条曲线的道路。

请注意，阿奎那和佛陀都不认为世俗奖赏有原罪。事实上，它们可以被用于伟大的事业。金钱对于社会运转和家庭维系至关重要，权力可以帮助他人，快乐可以使生活舒适，荣誉是引导人们提升道德感的动力之源。但是，一旦这些世俗羁绊成为生活的重心，成为目的而不是手段，问题就会随之而来，它们并不能给人们带来内心深处的满足。

在第一条成功曲线上，我们追逐着这些世俗羁绊。为了得到这种捉摸不定的满足感，我们活到老，干到老；当第一条成功曲线开始下行时，这些沉重的世俗羁绊令我们痛苦不堪。必须让它们一边儿去，只有轻装前进，我们才有机会跳上第二条成功曲线。

关于满足的科学

但是，流行文化和现代社会科学只花了几百年的时间，就追平了释迦牟尼和托马斯·阿奎那的智慧，它们可以帮助我们更好地理解世俗羁绊所存在的问题。

如果你只知道滚石乐队的一首歌，那很可能就是他们在1965年发行的重磅单曲《我无法获得满足》[（I Can't Get No）Satisfaction]。这首歌之所以成为最受欢迎的流行歌曲之一，不是因为它是一首很棒的音乐作品，而是因为它陈述了生命的真相。人类大脑最深处的“蜥蜴脑”，更准确地说，是位于大脑的边缘系统，它常常让人不受意志控制，冲动行事，可以用一个非常简单的等式来定义由“蜥蜴脑”所控制的满足感：

满足感=得到你想要的东西

这种行为模式是如此简单，甚至连婴儿都会学得很像！

不相信我吗？当1岁的孩子正伸出手去拿薯条时，你递给他一根，再观察一下他的表情。他的表情与你上一次因努力工作得到大幅加薪或者升职时所流露出的表情差不多。你真的很想要得到它，你为之努力，并因此得到了，奖赏令你深深满足。

然而，这种深深满足的状态，最多只能持续几天。这才是真正的问题，对不对？滚石乐队的这首歌应该叫“我无法获得持续满足”。我们多多少少都知道如何满足自己的欲望，但却不晓得如何让这种满足感持续下去。也就是说，当享受任何东西的时候，大脑不会让我们长时间保持满足感。

这就是问题之所在。为了理解个中原委，我们需要引入“内稳态”这一概念，这是一种自然现象，为了生存，所有的生命系统都必须保持自身的内在稳定。1932年，沃尔特·坎农医生在《身体的智慧》一书中提出了这一概念。他指出人类有一套内在机制来调节体温、水分、盐分、糖分、蛋白质、脂肪、钙以及氧气的水平。[8]

内稳态使我们活着并保持健康，它也可以解释酒精的作用机制。第一次喝烈酒时，酒精会对毫无准备的身体系统产生巨大的冲击，这就是为什么酗酒者总喜欢回味第一次喝酒时的感觉。我依然记得自己第一次喝大剂量咖啡时的情形。七年级时，一个朋友的父母买了一台浓缩咖啡机，在1977

年那玩意儿很稀罕。我们去西雅图的星巴克——当时世界上唯一的一家星巴克——买了一磅咖啡豆，回来每人喝了 8 杯浓缩咖啡。我记得，那天晚上我爬上了他家的屋顶，肚皮被雨水槽划了一个大口子，一边血流不止，一边想着天上的星星是多么耀眼、美丽。

第一口酒的冲击，可能会给你带来强烈的快感，同时，你的大脑也感觉到了它对身体内在平衡的冲击，大脑会启动中和机制来缓解喝酒所带来的快感。从此，你再也不可能体验到第一次喝酒的那种感觉。现在的我，每天都在喝咖啡，但绝不会再爬上屋顶。此外，内稳态的作用机制还体现在享用酒精、咖啡等“娱乐消遣品”后会产生反弹效应，比如宿醉、咖啡因带来的戒断反应。

基本上，成瘾就是内稳态失调，它使大脑变得非常擅长应对持续不断的攻击，以恢复自身平衡。14 岁时第一次喝酒，给你带来了巨大的、难以想象的快感，而在多年饮酒之后，酒精只会给你带来轻微的快感，酒劲儿一过，你会感觉很糟糕。与此同时，你的大脑正在遭受“抗酒精”的折磨，这时候你又想要来点酒精让自己感觉“正常”起来。

同样的原则也适用于人的情绪。当一个人的情绪受到刺激时——无论是好的刺激，还是坏的刺激——大脑都想要恢复平静，因此，人很难长时间保持情绪高涨或低落。积极的情绪尤其难以持久，因为对生存来说，它没有进化意义。在灌木丛中发现了一颗甜浆果时，我们的穴居人祖先会欢欣喜悦，但这种情绪并不会持续太久，很快老虎的威胁转移了他的注意力，否则一不留神他就成了老虎的“盘中餐”。

这就是为什么一说起成功，你永远不满足于当下。如果把自我价值建立在成功之上，你会通过一次又一次的胜利来避免成功之后的糟糕感觉。这完全是内稳态在起作用。在内稳态的控制下，每一次成功所带来的兴奋感很快就会被大脑冲淡，并且就像宿醉一样，最后仅剩痛苦。为了得到新的满足感，大脑告诉你，应该立刻去追求新的成功，寻找新的刺激，最终，大脑就适应了这种反成功感觉机制。过一段时间，为了消除失败的感觉，你又去追求新的刺激，用持续不断的冲击来刺激大脑。这就是我们社会科学家所说的“享乐跑步机”。你跑啊跑，但并没有朝着自己的目标跑，也没有取得真正的进步——你只是避免在停止或减速时被其他人甩到后面。

所以，为了更准确地反映上述事实，让我们回到上面那个等式，并更新它：

满足感=持续得到你想要的东西

胡萝卜摆在你面前，当得到它时，你产生了短暂满足感，但事实是，你正激情万丈地在“享乐跑步机”上原地踏步。当你的能力开始下降时，情况变得越来越糟糕——尽管你跑得比以往任何时候都要快，但胡萝卜却离你越来越远。因此，不满足让本来就衰微下行的人生之路更不好走了。

几年前我看过一幅漫画，画的是临终前一位男子对悲痛欲绝的亲人说："我还想买更多没用的东西。"成功人士常常通过努力工作来积累财富，他们的财富惊人，远远超过自己可能花费的数额，他们也没想到自己会留下如此可观的遗产。有一天，我问一位富人朋友，这么做是为什么？他说，很多富人只知道用物质来衡量自身价值，所以，为了赚钱和享受世俗之乐，他们年复一年地在"享乐跑步机"上奔波劳碌。他们希望在某个时刻，会取得真正的成功，拥有真正的幸福，然后安然赴死。

但这一天永远不会来到。

进化中的瑕疵

从进化心理学来看，人类生来就热衷于越多越好，这一自然现象很好理解。历史上的大部分时间里，大多数人都食不果腹。对穴居人来说，富有意味着拥有一些额外的兽皮和箭镞，也许还有几篮子玉米和鱼干。这些富余肯定会给他带来生存优势，会让他更好地度过一个寒冷的冬天。

然而，我们的穴居人祖先不仅仅想要熬过冬天，他们还有比这更大的野心。他们还想找伴侣，还想生孩子。怎样才能实现这些目标呢？一定不是东西够用就好，为了使自己在交配市场上有更好的前景，他必须比隔壁的穴居人拥有更多的东西。

这就解释了为什么人类终其一生都痴迷于对地位、财富等事物的社会攀比。我们谈论成功带来的满足感时，还需要考虑另一个因素：成功是相对的。毕竟，只有在特定圈子里去设定社会等级才有意义，无论这种圈子是地理的、职业的，还是虚拟的。我认识一些身家数亿的有钱人，他们觉得自己很失败，因为他们的朋友比他们更富有。一些著名的好莱坞明星也会因为别人比自己更出名而抑郁。

如前文所述，我们都很清楚，社会攀比既荒谬又有害，科学研究也支持这一观点。研究者证明，与左邻右舍攀比会导致焦虑甚至抑郁。[9] 在以人类作为实验对象的研究实验中，最不快乐的人总是那些最喜欢将自己的表现与其他实验对象比较的人。[10] 前一分钟他还在因为被他人嫉妒所得到的小快感而高兴，后一分钟就会被与别人相比拥有更少而产生的不快所吞噬。想要比别人拥有更多的欲望总在无情地拽拉着我们。

不幸的是，通常我们都无法停止这种攀比游戏。由此，我们得到了另一个等式：

成功=不断地想要拥有比别人更多的东西

换句话说，成功所带来的满足感不仅仅要求你在“享乐跑步机”上原地奔跑，还要求你比其他人跑得稍微快一点儿。

但是，还有比这个更糟的。在跑步机上，你不只是在通过一场徒劳无功的运动去追寻成功，而且失败也尾随其后。更可怕的是，一旦停止奔跑，你就会像那些可怕的、滑稽的社交媒体表情包一样，摔得仰面朝天。这事儿很有可能发生，因为随着自身能力不可避免地下降，即使你跑得比以前更快，但你依然会逐渐落后。

这当然会引发恐惧，因此：

失败=拥有更少的东西

与追求更多、更强相比，人们更加抵制更少。我们更习惯于竭力避免损失，而不是追求收益。这一观点来自普林斯顿大学的丹尼尔·卡尼曼与阿莫斯·特沃斯基的前景理论，他们因此而获得2002年的诺贝尔经济学奖。[11] 前景理论并不认为人是理性的主体，他们以相同的方式评估盈亏得失。前景理论认为，与得到某样东西相比，人们更厌恶失去它。

正如卡尼曼和特沃斯基所说的，每个人都“厌恶损失”，这就是为什么与上涨10%相比，当股市下跌10%时，新闻媒体会惊慌失措。这也说明了为什么我们如此讨厌失望。正如科学研究所证实的，我们愿意竭尽全力以避免让人失望。[12]例如，我已故的父亲是一个远近闻名的悲观主义者。有一次，我们在蒙大拿州的乡村进行长途公路旅行，他说，汽油可能要用光了，我们得在车里过夜。我看了看油表，发现还有半箱多油。我问他为什么总是喜欢假设最糟糕的极端情况。“惊喜总比失望好。”他告诉我。

“厌恶损失”再一次促进了人类进化。在一个人类总是食不果腹的时代——在进入工业时代之前，人类历史的大部分时期都是这样——有收获是好事，但出现亏损可能会致命。有人偷偷溜进你的洞穴，拿走了你为冬天储存的牛肉干，你就会饿死。前景理论解释了如果你丢了手表，即使你还有四块手表，你仍然会因丢失手表而难过。其实，手表就相当于穴居人祖先所储藏的牛肉干。

即使工业化、全球化和现代企业带来了普遍的繁荣和民主，作为被神经生物本能支配的人类，依旧被本能推着走。幸运的是，对工业化国家的大多数人而言，一个糟糕的冬天已经算不上是致命的威胁，实际上，当今世界的大多数地区都可以应对寒冬。然而，为了感觉良好，为了向他人证明自己的成功，我们依然强烈地渴望拥有更多的世俗之物，它们可以让我们摆脱恐惧、羞耻等糟糕的感觉。

在现代生活中，竭尽全力去拥有五辆车、五个卫生间，甚至五件衬衫，其实并没有什么实质意义，但人们总是想要得到它们。神经学家指出了个中原委。[13] 所有成瘾行为如买新东西、赚钱、拥有更多权力或名声，抑或是拥有新的性伴侣，都会让人分泌多巴胺——一种让人愉悦的神经递质。[14] 大脑进化遵循着以下规则：奖励那些让人们生存下去并更有可能繁殖基因的行为。在现代社会，仍然按照这种规则行事可能早已不合时宜，但在生活中，这一规则依然很普遍。

问题就在这里，本章中所提到的等式控制着多巴胺的短期快感，但它们不会带来任何持久的满足感，当我们步入人生下半场时尤其如此。人在年轻时，一来自身能力强，二来拥有的身外之物相对较少，从而不受其累，人们可以从世俗奖励中得到暂时的满足，但随着年龄的增长，他们开始意识到这种满足没有可持续性，一无所获感就出现了。与此同时，当他们开始落在别人后面时，恐惧感也缠着他们不放。对此，心理学家卡尔·荣格指出，“能为年轻人带来满足感的小目标，在老年人看来，却没啥意义”。

我最喜欢的一个例子是阿卜杜勒·拉赫曼三世，他是公元 10 世纪西班牙科尔多瓦的埃米尔①和哈里发②。独裁统治

① 埃米尔，用来称呼伊斯兰国家统治者或一些阿拉伯国家的君主、王公或酋长。——编者注

② 哈里发，是对伊斯兰政治、宗教领袖的称谓，意为继承者。——编者注

者拉赫曼，生活奢侈，纵情声色。让我们来看看在大约70岁时，他是如何评价自己的生活的：

> 到目前为止，我已经在胜利与和平中统治了50多年。民众爱戴我，敌人畏惧我，盟友尊敬我。财富与荣誉、权力与幸福等应有尽有，我很幸福，似乎也不缺少来自任何世俗的祝福。[15]

名声、财富和幸福。听起来不错，不是吗？但是，他继续写道：

> 但我试着数了数生命中称得上纯粹且真正幸福的日子，它们只有14天。

更好的等式

综上所述，下面三个等式解释了我们的冲动，以及我们得陇望蜀的原因。

满足感=持续得到你想要的东西

成功=不断地想要拥有比别人更多的东西

失败=拥有更少的东西

不满足是一种病，它推着我们去追名逐利，开创人生新高度。虚空的满足感是人们在职业下行期痛苦不堪的原因之一。为了获得满足感，我们不顾一切地去追求身外之物，到头来却发现自己落后了。不知不觉中我们从“享乐跑步机”上摔下来了。

当然，我们心里明白原因之所在。但是，即使明白，问题似乎依然无解。一个令人惊讶的证据是，“享乐跑步机”一词的发明者、著名的心理学家菲利普·布里克曼曾指出，即使是彩票中大奖也不会带来持久的满足感，而他本人就是死于自杀，从密歇根大学办公室对面的一栋大楼上纵身跳下结束了生命。[16] 再看看企业家谢家华，他是在线零售先驱美捷步（Zappos）的创始人，也是超级畅销书《回头客战略》的作者。他于 2020 年去世，年仅 46 岁，此前他因长期滥用药物以及其他自毁行为，还曾打过一次 911 电话声称要自残。[17]

但是，在放弃所有希望之前，我有一个好消息告诉你：心满意足是可能实现的——只是它不会出现在前文提及的等式中。我们要抛弃这些糟糕的旧等式，使用新等式，它融合了释迦牟尼、托马斯·阿奎那的智慧，以及最好的现代社会科学的洞见。

满足感=你所拥有的÷你想要的

“满足感”等于“你所拥有的”除以“你想要的”。注意到这个新等式和之前旧等式的不同了吗？所有的进化和生物学等式，都让我们将注意力集中在被除数，即“你所拥有的”上。如果你对生活有诸多不满，那么，这些年来你很可能一直都在致力于追求拥有更多的东西。但是，这么做忽略了等式的除数——“你想要的”，即“欲望”。如果一个人忙于去占有更多的东西，不好好管理自己的欲望，欲望会扩散和蔓延。随着在成功的阶梯上越爬越高，他容易变得越来越不满足，因为他想要的总是会超过他所拥有的。一旦陷入这种境况，人就变得很难满足了。

这种事我见过上百次了。有些人取得了巨大的物质成功，却越来越不满足，他还想更富有、更有名。在50岁时，奔驰带给他的满足感不如30岁时买雪佛兰带给他的满足感。为什么？因为现在他想要法拉利。他总是一再回到跑步机上，跑啊跑啊，跑个不停，甚至不知道为什么自己停不下来。

当今世界的聪明人发明了很多聪明的方法，让人的欲望在不知不觉中膨胀。想想吧，当你在跑步机上跑个不停时，为了满足自己越来越大的胃口，你越买越多，有人却为此赚了个盆满钵满。没有人能逃得出这个圈套。甚至一位当世哲人也承认他无法抵御欲望。“有时候我会去超市。”他说，“我真的很喜欢逛超市，超市里有各种商品。当我看到琳琅满目的商品时，想得到它们的欲望便油然而生，我最初的冲动可能是‘哦，我想要这个，我想要那个’。”[18]

这些想法本身并不邪恶。企业并不对我们不断膨胀的欲望负责，但我们自己要对自己负责。这意味着我们要有定力，不要被营销噱头洗脑，徒劳地在跑步机上当领头羊，一次又一次地摔倒。这意味着，我们可以管理欲望，关掉跑步机。用西班牙天主教徒圣若瑟玛利亚·施礼华的话来说，“需求最少的人拥有最多，不要自己制造需求”。[19]

1. 去寻找“为什么”，而不是“什么”

如果你已经为管理自己的欲望做好准备，即开始逐渐做减法，那么第一步就需要思考，减去哪些欲望？这就引出了一个问题：“活着是为什么？”畅销书作家兼演说家西蒙·斯涅克建议，那些为事业而奋斗终生的人应该问问自己为什么要追求功名利禄。[20] 他告诉人们，要释放自己真正的潜力，要挖掘真正的幸福，要找到人生的深层目标，同时还要摆脱那些与这一目标无关的事物。你要找到自己存在的“理由”，即隐藏在玉石里的雕像。

“浮云遮望眼”，大多数人都把时间花在生活所需之上，以至于看不到画布笔触以外的事物。例如，我经常看自己是“大学教授”“作家”或者诸如此类的人。其他人也是如此，他们只能专注于日常生活拥有什么。来看看我收到的这封电子邮件，发件人是一位50岁事业有成的记者。

> 我和最好的朋友经常会问彼此："没有好好享受人生中的这段时光，难道我们不会后悔吗？"我们一致认为，会后悔，然后挂了电话，继续疯狂地活着。我觉得，任何人都不想过得这么疯狂，但他们想要漂亮的房子、学校、假期、有机食物、教堂和露营，于是他们就被这种社会环境牵着鼻子走。

这位记者的意思是：她明白，要得到幸福，就要视这些撩人心弦的事物为浮云。但是，平凡的日常生活太复杂、太混乱，所以，她从来不会为了梦寐以求的幸福去做出需要做出的改变。

就在我收到那封邮件的同一天，我又收到了另一封邮件，发件人与我的生活状况非常相似：一位50多岁的女性，事业成功，她一直在与世俗羁绊做斗争。但后来她父亲的病逝给她敲响了警钟。

> 我（不再）觉得被身外之物塞满有什么意义……尤其是父亲死在家里之后，由于房子里堆满了东西，急救人员几乎找不到他。这是一个很惨的教训。

她的父亲病危时，因满屋杂物，急救人员难以近身。这位朋友问自己，这一生她都在用那些乱七八糟的身外之物为自己筑起一块巨石，她是否也会变得让人难以接近？父亲的遭遇让她开始考虑摒弃这些身外之物，去寻找内心的满足。

我听过很多次这样的故事，一开始人们没有意识到自己的生活中充满了各种不健康的世俗羁绊，直到他们遭遇变故或者疾病，他们才开始转而专注那些真正重要的事情。研究人员发现，大多数经历疾病和失去亲人的人都会在创伤后成长。事实上，癌症幸存者的幸福感往往比未患癌症的人更强。[21] 他们会告诉你，他们一度倾心的财物、金钱以及无效社交令人压力重重，愚不可及，最好不要再为这些世俗羁绊而忧虑。过早到来的死亡威胁，迫使他们去凿开遮蔽真实自我的玉石，找到存在的真正意义。

但是，你不需要通过悲剧性的损失或健康恐慌来开始这一过程。最近，我遇上了 55 岁的加州企业家卢瑟。卢瑟并没有家喻户晓的名气，但他实现了自己的美国梦。他的父母是移民，他们督促他好好学习，努力工作，成就一番事业。他做到了，他成为一名计算机科学家，创办了七家公司。在整个职业生涯中，他一直都在成功跑步机上努力奔跑，追求外在的奖赏，奖赏到手后满足感立马消失，又开始奔跑。

最后，在 50 岁左右，卢瑟感到既沮丧又空虚，他开始逐渐降低自己的需求。“我的大脑并不是被激情、意义和目标所激励，”他告诉我，“一直以来，我的大脑被恐惧所驱使。”花了几年时间，最终卢瑟终于放弃了以前的职业，现在他指导别人如何重建——也许是“推倒重建”——他们的生活。他也用更多的时间陪伴家人，并且开始丰富精神生活。当然，金钱、权力和名气都不如从前了。然而，他生平第一次发现自己如此心满意足。

在停止做加法并开始逐渐做减法后，卢瑟成功地跳上了他的第二条曲线。他简明扼要地指出：“我热爱我的生活。”

你也可以这么说，但你需要提前做减法，即管理自己的世俗欲望。记住，你在第一条曲线上停留的时间越长，流体智力曲线就下降得越低，它越会拽着你，让你更难跳上第二条曲线。

2. 制定反向遗愿清单

开始逐步做减法的第二种方法是，不要采纳“顺从自己自然欲望”这类建议，因为它们让我们变成了不知满足为何物的“经济人”。

励志大师经常建议，在生日当天列一个遗愿清单，以增强你的世俗欲望。将想要的东西做成清单会让人暂时感到满足，因为它会刺激多巴胺——这是一种令人内心愉快的欲望神经递质。但是，它也是在制造世俗羁绊，随着世俗羁绊的增多，不满也与日俱增。还记得我之前跟你说过的那位朋友吗？为了寻求满足感，他按照遗愿清单所列的事项，挨个实现自己的愿望，但他依然不满足。正如佛陀在《法句经》中告诉我们的：人对未知生活的渴望像爬山虎一样生长……无论是谁，只要被这种可悲的、棘手的渴望征服，痛苦就如同雨后的青草一样生长。[22] 就我个人而言，为了在生活中真正落实这一章的想法，我选择了另一个方向——为自己制定了一个“反向遗愿清单”。

每年生日，我都会列出一些属于世俗羁绊的东西，它们都可以归入阿奎那所说的金钱、权力、快乐和荣誉的范畴。我尽量做到完全诚实。我不会列出自己不想要的东西，比如一艘船或科德角的房子。相反，我会直面自己的弱点，开诚布公地列出自己真正想要的东西，对此，人们通常表示钦佩。虽然这么说像是自夸，但他们是真的钦佩。

我想象着五年后的自己，既幸福又平静，大部分时间都在享受生活，心满意足地过着有目标、有意义的生活。我想象着自己对妻子说：“你知道吗，我现在真的很幸福。”接着，我想了想，在未来的生活中，让我过上这种幸福生活的力量是什么？答案是信仰、家人、友谊，以及我的工作——这是最根本的，我所从事的工作令我心满意足，富有意义，而且还能够帮到他人。

接下来，我回到了遗愿清单。我掂量了一下，清单上所列的这些世俗羁绊之物将如何与那些会让我幸福的东西争夺我的时间、注意力和资源。经过一番比较，我发现它们都是身外之物。为了得到陌生人的赞誉而牺牲人际关系，并在随后的生活中去承受由这一选择所引发的后果，这么做并不值得。我再去看自己的遗愿清单，对上面所列的每一个目标，我都会说："这个目标本身并不赖，但它不会给我带来幸福与安宁，我选择放弃。"

最后，我将那些能给我带来真正幸福的目标列入了我的清单。我承诺用自己的时间、感情和精力去追求它们。

这个练习对我的生活产生了很大的影响。可能它对你也有帮助。

3. 关注更微小的事物

第三种方法是开始关注生活中更微小的事物，它可以帮你改掉在已经很完整的画布上再添几笔的习惯。1759 年，在讽刺小说《老实人》中，伏尔泰讲了一个冒险故事，主角是一位年轻天真的老实人和一位不知疲倦的乐观主义者邦葛罗斯教授。[23] 他们的冒险由战争、强奸、食人、奴役等一个接一个的恐怖故事组成。在一次冒险中，邦葛罗斯甚至被砍掉一边屁股。最后，两人隐退到一个小农场，在那里他们发现幸福的秘诀不是世俗荣誉，而是专注于微小的事物，比如

“培育我们的花园”。

大成若缺，小得盈满。佛教大师一行禅师在他的《正念的奇迹》一书中说道：“洗碗时，人们就应该只是洗碗，也就是说，洗碗时，应该对‘正在洗碗’这个事实保持全然的觉知。”[24] 如果一边洗碗，一边想着过去或未来，那么，我们不是“在重温已经逝去的往昔”，就是“卷入了仅仅存在于概念中的未来”，我们的生命并没有安住在洗碗的当下，唯有保持正念，才算是真正意义上的活着。

有一次，我和妻子在一个好朋友家的花园里聚餐。是时恰逢黄昏，朋友让我们围在一株尚未开花的植物旁边。“看那花骨朵儿。”其中一人说道。我们一言不发地看着那花骨朵儿，足足看了十分钟。突然间，花儿绽放了，原来每天晚上花儿都会这样开放，我们惊叹不已。这带给我们极度的满足。

但有趣的是，与我以往遗愿清单上的大多数“垃圾”所带来的满足感不同，这种满足感持续了很久。那段记忆至今仍让我感到幸福，比我生命中许多世俗“成就”所带来的幸福感强得多。之所以觉得幸福，不是因为实现了一个宏大目标，而是因为它带来了微小而偶然的小确幸，“物致于此，小得盈满”。这个小小的奇迹，仿佛是老天爷送给我的一份免费礼物。

个体的生命周期并不长

“遗愿清单要一一落实，所求皆所愿，人生才如意。”我用了整整一章来驳斥这种观点。但我也想讲讲遗愿清单的一个好处：它提醒我们注意时间的有限，以及如何更合理地利用时间。遗愿清单的意义在于，它确保你不会在弥留之际说：“我还没准备好就要离开这个世界了！这辈子我还没坐过热气球！”（这个例子不是我编的——根据2017年的一项调查，坐热气球平均来看排人们遗愿清单的第6名。）[25]

死亡是生命中再正常、再自然不过的事情，然而，让人惊讶的是，似乎很多人认为死亡不正常——其实这么想才不正常。当我告诉我的研究生，他们大多快30岁了，他们还可以过五六十个感恩节，其中还有二三十个是和父母一起过时，他们都很震惊。不仅年轻人对死亡没概念，年长者也是如此，如前所述，大多数美国人认为“老年”开始于美国平均死亡年龄的6年后。对生命的周期以及余生的时日，我们缺乏实事求是的态度，误以为自己还可以活很久。这种态度不利于改变现状，它消解了跳上第二条曲线上的紧迫性。

因此，为最终目标做计划是下一步的挑战，当然也是机遇。

第五章
思考人终有一死

几年前，我和一位老朋友共进午餐，他与我年龄相仿，是一家公司的首席执行官。我跟他讲了这本书里的所有研究，如流体智力将不可避免地衰退，以及许多成功人士面对这种衰退时遭遇的困境。“这些事情不会落在我头上的。”他说。

“为什么？”我问。

“我的事业不会走下坡路。”他回答道，“我会越干越卖力，一直到死。”

换句话说，工作、工作、工作、死亡。没有第二条曲线，因为没必要。

我将这种应对流体智力衰退的方法称为“怒斥光明的消逝”。它来自狄兰·托马斯在1951年发表的一首著名诗歌《不要温和地走进那个良夜》，这首诗告诉读者：“怒斥，怒斥光明的消逝”。托马斯将此诗献给临终前的父亲，他确实是在谈论死亡，事实上，人们也一直在与死亡抗争。

我知道你在想什么："我不怕死!"也许怕，也许不怕，谁知道呢。但许多心理学家指出，一个人说自己不怕死，其实是在自欺欺人。

不过没关系，这不是我的重点。我关心的是，你赞成"工作就是生命"吗？如果赞成，那么，你对流体智力衰退的恐惧，其实是一种对死亡的恐惧。如果你活着只是为了工作，即工作就是生命，或者退一步来说，工作是你存在的证明——专业能力与成就是你在此世存在的证据，一旦流体智力开始衰退，你就开始步入死亡。

作为一个奋斗前行者，是意志力和永不倦怠的职业道德，让你的流体智力曲线和事业登上巅峰。你最擅长与命运抗争——怒斥光明的消逝。但是，无论在哪一种职业中，与流体智力相关的能力都会由盛转衰，因此，无论是在生活中，还是事业上，你的抗争都将无效。在一些职业中，衰退来得早一些，在另一些职业中，衰退则来得晚一些。尽管体力劳动和脑力劳动之间存在着重要区别，但仅仅因为某种职业不是体力劳动而是脑力劳动，就认为其从业者的职业下行期可以被无限期推迟，这种看法是错误的。我们发现，在"创新行业"中，职业下行期来得特别早，通常要比痴呆或者衰老早几十年。

只有直面职业下行的真相——这其实也是一种“死亡”——你才能在第二条曲线上取得进步。否则，你就会像我的这位朋友一样，徒劳无功地对抗生活的必然性，或者后退一步，指望跳过这种必然性。直面真相意味着，要战胜对死亡的恐惧，这里的死亡既指字面上的死亡，也指职业意义上的死亡。对死亡的恐惧会将你束缚在流体智力曲线上。如果能掌控这种恐惧，回报将不可估量：它会给你自由。

但直面真相是唯一的出路。

人们为什么害怕死亡？

1973 年，人类学家厄内斯特·贝克尔在其经典著作《死亡否认》[1] 中写道：“死亡的念头以及对死亡的恐惧，一直困扰着人类。”在某种程度上，绝大部分人都害怕死亡，并且大部分调查发现，约有 20%的人极度恐惧死亡。[2] 一些极度恐惧死亡的人，甚至会患上“死亡恐惧症”。

无论是重度死亡恐惧，还是轻度死亡恐惧，它们都有八种不同的维度：害怕被摧毁，害怕死亡的过程，害怕死亡的结果，害怕失去亲人挚友，害怕未知，害怕在清醒中死亡，害怕死后的躯体，害怕过早死亡。[3]

第一种恐惧是人类所特有的恐惧，它是对不存在的恐惧，对被彻底抹去的恐惧，对被遗忘的恐惧。当遭遇威胁时，我的狗也会感到恐惧，但据我所知，狗并不理解“不存在”的含义，因为它从来就不知道自己“存在”。因此，存在主义的恐惧不是生物学意义上而是哲学意义上的。虽然人终有一死，但就像无法接受不存在一样，人们似乎也无法接受死亡。这样一来，一种无法解决、令人难以接受的认知失调就出现了。剑桥大学的哲学家斯蒂芬·凯夫称之为“死亡悖论”。[4]

对不存在的恐惧也包括对衰退的恐惧。如果一个人认为，他的存在取决于事业有成和拥有显著社会地位，那么，衰退就会抹杀他的存在。因此，人们处理“不存在”这种危机的方式，与他们处理职业下行的方式是一样的，这一点儿也不奇怪。

比如说华特·迪士尼，他对死亡和衰退的恐惧堪称传奇。1909 年的一天，7 岁的迪士尼独自一人在密苏里州农舍后院玩耍，他发现一只棕色的大猫头鹰正背对着他。就像所有容易头脑发热的男孩一样，他偷偷地走近那只猫头鹰，想去抓它，而不考虑抓住它的后果。正如预言所示，当他抓住这只惊慌失措的猫头鹰之后，猫头鹰开始尖叫和抓人。这下轮到迪士尼惊慌失措了，他一把将猫头鹰摔在地上，踩死了它。

古人认为猫头鹰是不祥之兆。公元 77 年，老普林尼说："当它现身，邪恶将至。"对华特·迪士尼来说，确实如此。从此，那只猫头鹰进入了他的梦境，挥之不去。这件事让他对死亡产生了一种病态的恐惧，甚至还影响了他的事业。

以米老鼠为主角的动画片《汽船威利》让 26 岁的动画制作人迪士尼一炮走红。这部动画片不仅有图像，还实现了音画同步，它终结了无声电影的历史，奠定了娱乐先锋迪士尼的未来。但紧接着，他又拍了一部名为《骷髅舞》的短片，影片开始就是一只惊悚的猫头鹰蹲在树上，接着是骷髅从坟墓里爬出来。发行商问迪士尼的弟弟罗伊，"你哥哥想干什么，他想毁了我们的事业吗？回去告诉他，电影发行商不想要这些令人毛骨悚然的臭狗屎……告诉他，再拍点儿米老鼠吧，观众要看更多的米老鼠！"[5]

《骷髅舞》只是迪士尼的试水之作。正如一位学者所说，"如果说迪士尼是美国生活方式的代言人，那么，它的力量来自一种对死亡的怪异痴迷"。[6] 事实上，从《白雪公主》到《匹诺曹》，每一部著名的迪士尼电影都会关注死亡这一主题。

在个人生活中，迪士尼也很关注衰老和死亡。据他的女儿黛安说，30 来岁时，迪士尼甚至请来一个算命先生，来算他什么时候会死。算命先生预言他将在 35 岁死去——显然这是一个最坏的消息。他本来就是工作狂，对成功上瘾，为了分散注意力，他彻底投身事业，忘我工作。也许只有忙个不停，才可以让他忘却自我和死神。迪士尼活过了 35 岁，但他却从未忘记算命先生的预言。在 55 岁生日前夕，他若有所思地想，也许自己当年听错了，算命先生说的是 55 岁，而不是 35 岁。

你真的想一直这样卷下去吗？

每当有人问我父亲："你日子过得怎么样？"他都会高兴地回答："总比另一种活法好！"如果一个人活着就是为了工作，当人们问他："工作怎么样？"他可能也会这么回答。

然而，仔细想想，死亡并不一定是低劣的选择。1726 年，乔纳森·斯威夫特在《格列佛游记》中阐述了这一观点。英雄格列佛来到拉格奈格国，他发现了一小群人，他们生来就长生不死，当地人称他们为"斯特鲁布鲁格"。从表面上看，斯特鲁布鲁格和普通人没什么区别，但实际上他们可以永生。格列佛心里想，他们运气太好了！不过后来他发现，虽然斯特鲁布鲁格可以永生，但他们依然会老，会患上老年人的各种典型疾病，只不过这些疾病不致命。他们会失去视力、听力，会衰老，但永不死亡。80 岁时，政府会宣布他们在法律上死亡，他们无权拥有财产，也不能工作。他们无所作为，被国家供养，永远生活在慈善病房里，极度沮丧，其实他们早就死了。[7]

这种有关肉身不朽的想象，也是许多职业步入下行阶段的人的真实写照。你遇到过这样的人吗？当他们无法再坚守“生命不息，奋斗不止”的初心时，他们依然不愿意面对现实。他们充满挫败感，错失了改变和成长的良机。逃避现实的最好结果是，为了避免被迫出局所带来的羞辱，他们将自己卷成了“工作型的斯特鲁布鲁格”，真相是他们的状态一点也不好，只能活在路人的同情和蔑视里。

好吧，你可能会承认“生命不息，奋斗不止”不是个好主意。那么，留下一份光荣的遗产怎么样——至少这样世人不会遗忘你，对吧？这就是荷马史诗《伊利亚特》中的“阿喀琉斯效应”。阿喀琉斯必须决定，是参加特洛伊战争，用死亡来换取荣耀，还是回家拥有长久幸福的生活，并默默无闻地死去：

> 有两种命运引导我走向死亡的终点。
> 要是我留在这里，在特洛伊城外作战，
> 我就会丧失回家的机会，但名声将不朽；
> 要是我回家，到达亲爱的故邦土地，
> 我就会失去美好名声，性命却长久。[8]

阿喀琉斯选择了参加战争，这给他带来了神话般的不朽，肉体的死亡或者衰退都带不走这种不朽。

阿喀琉斯是荷马在《伊利亚特》中创造的人物，在现实生活中，也有很多阿喀琉斯这样的人。为了避免被世人遗忘的痛苦，他们最常见的策略是努力工作，留下一份傲人的事业成就来让后人缅怀。在为写作本书所进行的访谈中，许多人都谈到，当步入职业生涯的最后阶段，他们特别希望做些什么来被世人铭记。

但其实做什么都没用，人们终会忘记你。人都喜欢朝前走。在杰克·尼科尔森主演的电影《关于施密特》中，主角施密特是一位成功的精算师，退休后，他惊讶地发现不再有人请他出谋划策；退休后几天，施密特顺便去了趟办公室，准备帮帮忙，结果他发现同事把他以前的工作记录都扔进了垃圾桶。这是一个令人悲伤的场景，但它源于生活，很真实。在我写作本书时，一位退休的首席执行官告诉我："仅仅退休6个月，我就从'社会名流'变成了'他是谁？'"

斯多葛派哲学家、罗马皇帝马可·奥勒留提醒世人，为了被后人铭记而做出的努力，从来都是白费力气，一点儿也不值得。"实际情况是，一些人在很短的时间内就被世人遗忘，而另一些人则成了神话中的英雄，但即使他们被封神，依然也会泯然于世。因此，请记住，你，这个微不足道的小人物，要么隐入尘烟，要么去别的地儿待着。”[9] 有意思的是，虽然马可·奥勒留的话已经被人们传颂了近两千年，他本人却是该法则的例外。尽管如此他的观点还是很有道理的，毕竟你我不是马可·奥勒留。就算是马可·奥勒留，总有一天他也会消失在历史的长河中。

即使人们依然敬仰你留下的遗产，但你真的以为这些遗产就很了不起吗？回想一下飞机上的那个男人！正是由于当下泯然于众人与昔日的光辉荣耀（短暂的快乐）之间落差太大，他才觉得自己的现状是如此不堪。

最后，一个人如果太介意死后世人对自己的评断，他还会失去当下。我有一位朋友，他非常在意自己的职业声誉。他发现自己将不久于世，在生命的最后几个月里，他花了大量时间，想方设法地确保自己的成就被世人铭记。一个人如果这么热爱工作，最好是在活着的时候就好好享受工作本身，而不是这么费尽心机地留存死后供人缅怀的遗产。只要能做到活在当下，享受工作，就足够了。

这才是留存遗产的正确方式

有一种留存遗产的方法可以让人精彩地活在当下。在《品格之路》一书中，我的朋友戴维·布鲁克斯区分了“简历美德”（résumé virtues）和“悼词美德”（eulogy virtues）。[10] 简历美德是指在求职简历中列出的那些美德，它是一些有助于取得世俗成功的技能。它们需要与他人比较。悼词美德是指伦理、精神层面的品德，比如“他与人为善，富有灵性”，而不是“他攒了很多飞行里程”。悼词美德是供人们在葬礼上追思悼念的“高尚品格”，毕竟死人不需要与他人比较。

奋斗前行者的生活方式决定了他们不会看重悼词美德。我们当然想成为好人，但专注于死后留下好名声，这事儿有点……没什么特别意义。在整个职业生涯中，我都力争上游，以超过别人为己任，但是，我也应该分散一下注意力，去做一些任何人都会做的事情，比如成为一个好人？

但问题是，一个人如果去做这些任何人都会做的事，他将会失去简历美德，每一位读者都明白这一点，也害怕出现这种情况。但如果人到了一定年纪，开始着手做这些事，他不仅会拥有更多的悼词美德，还会使自己的晶体智力曲线升至巅峰。在生活和人际关系方面，年长者的经验更丰富，如果处理得当，他会比年轻人更有优势。

此外，从本质上看，追求悼词美德更有价值。在葬礼上，你听不到别人给你的悼词，退休后，你也听不到人们如何评价你，但正是在追求对自身最有价值的美德的过程中，你拥有了最充实丰盈的生活。想想看，与慷慨待人所带来的长久回报相比，升职等职业上的回报是多么短暂易逝。加班1小时，帮助需要帮助的人1小时，或者祈祷1小时，哪种做法能给你带来更多的满足感？

即使下定决心去积攒悼词美德，你依然会被旧习惯支配，被日常琐事缠累。因为工作需要你争分夺秒，你不大可能有时间去倾听朋友的心事。

一些哲人给出了解决这个问题的线索。列夫·托尔斯泰说过："最糟糕的是，当斯人已逝，无论是弥补过去给他造成的伤害，还是重新去好好爱护他，均为时已晚。人们常说：把每一天当成最后一天来过。我想说的是，只有这样过，人才不会将遗憾带到死后。"[11]

简而言之，假如生命只剩下一年，你只能工作一年。在每个月的最后一个周日的下午，你想想如下问题：如果我的职业生涯和生命只剩下一年，接下来这个月我将做些什么？我的待办事项清单上有多少尚待完成的事项？我不必为哪些事情担心？我猜"额外安排出差而牺牲与配偶相聚""为了给老板留下好印象而加班"不会出现在你的日程表上。更有可能出现的是"周末休假"和"给朋友打电话"。

这一方法有助于我们专注于正念，即活在当下，而不是活在过去或未来。活在当下既能让我们更幸福，也能让我们将自己最好的那一面展现出来。

正视死亡和衰退

打造自己的悼词美德并不难。更难的是，正视死亡和自我衰退。这才是真正消除恐惧的方法。

这个建议真的没有什么新奇之处。如果你对蛇有病态般的恐惧，去找治疗师，他最有可能给出的治疗方法就是……多看蛇。人们坚定地认为暴露疗法是治疗恐惧和恐惧症的最佳方法。[12] 原因是心理学家所说的“脱敏”，当反复接触那些令人们厌恶或恐惧的事物后，人们就会见怪不怪了，当然也就不会害怕了。

如果暴露疗法能消除对蛇的恐惧，也就能消除对死亡和衰退的恐惧。2017 年，美国几所大学的一组研究人员招募了一些志愿者，让他们想象自己身患绝症或被判死刑，然后在博客上写出各自的感受。随后，研究人员将其与那些即将死亡或判处死刑的人所写的感受进行比较。该研究发表在《心理科学》杂志上，其结论简单、粗暴、直接：想象死亡的人的消极情绪是真正面对死亡的人的三倍。这表明，与人们的直觉相反，与具体、实在的死亡相比，抽象而遥远的死亡更让人觉得可怕。[13]

这项研究很现代，但相关的认识由来已久。用 16 世纪法国散文家蒙田的话说："死亡如影相随，像阴影一样笼罩着人们，要想摆脱这阴影，就要从消除对死亡的陌生感开始，人要经常接触死亡，习惯死亡，让死亡常驻心中。"[14]

将自己暴露在死亡面前能让人战胜恐惧，思考死亡则可以让生命变得更有意义。正如小说家福斯特所说："死亡摧毁人，而死亡的理念则拯救人。"[15] 为什么？简单地说，生命有限提醒人们珍惜眼前拥有的一切。认识到生命不是永恒的，我们才能活在当下，享受生活。

在现代世界，功成名就的一大讽刺是，那些擅长控制恐惧的成功人士——他们能直面任何挑战，毫不示弱，可以与任何对手交手——往往极度害怕衰退。但是，在这个讽刺中也隐藏着一个彻底战胜恐惧的绝佳机会，让自己真正成为自己想成为的那个人。

如果你去过泰国和斯里兰卡的小乘佛教寺庙，你会注意到，在那里展示了很多腐烂尸体的照片。起初，你会觉得这是一种令人不安的病态。然而，众所周知，这是一种好的心理学疗法，即暴露疗法。关于如何看待自己的身体，佛教僧侣所接受的教导是："这具尸体也是一种自然，是身体的未来，是身体必将面临的命运。"

这是一种名为"死随念"（死亡正念）的冥想，在这种冥想中，练习者想象自己尸体的九种状态：

（1）一具肿胀的尸体，发紫、溃烂

（2）被食腐动物和蠕虫吃掉

（3）由一些肉和肌腱连接在一起的骨头

（4）没有肉的、充满血污的骨头，但由肌腱连接着

（5）筋腱连接的骨头

（6）松散的骨头

（7）白骨

（8）死后一年多的骨头堆成一堆

（9）化为尘土的骨头

与死亡抗争一样，与能力衰退抗争也是徒劳的。徒劳无功的抗争令人难过、沮丧。与衰退抗争会让你感到痛苦，让你无法把握生活中的机遇。我们不应该回避真相。我们应该注视、沉思、思考、冥想。我也在练习死随念，在这种练习中，我用心去想象下面的每一种状态：

（1）我感到我的能力在下降

（2）我身边的人开始察觉，我不再像以前那样敏锐

（3）其他人得到了我曾经得到过的那些社会声望和职业成就

（4）我不得不减少工作量，从那些我曾经轻松完成的日常工作中退出

(5) 我再也不能工作了

(6) 我遇到的很多人都不知道我是谁，或者仅仅因为我从前的工作才知道我是谁

(7) 我还活着，但在事业上我已经一无是处

(8) 我失去了与周围人交流思想和想法的能力

(9) 我死了，人们不再记得我的成就

一个著名的禅宗故事讲到，一群武士骑马穿越乡村，所到之处，生灵涂炭。当他们进入一座寺庙，除了住持，其他僧侣都在恐惧中四散而逃，住持已经完全控制住了对自己死亡的恐惧。武士们走进去，住持正平静地坐在莲花位上。武士首领拔剑怒吼道："难道你没看到，我连眼睛都不用眨就能刺穿你？"大师回答说："难道你没看到，当被人刺穿时，我连眼睛都不会眨一下吗？"

真正的大师，当他的威望受到年龄或环境的威胁时，也会说："难道你没看到，当彻底被世人遗忘时，我连眼睛都不会眨一下吗？"

死亡和衰退的一个重要区别

"没有什么比孤独地死去更不幸的了。"哥伦比亚小说家加西亚·马尔克斯写道。[16] 当然，他的意思是指，真正的悲

剧莫过于一个人孤独地离世。但是，我们都得独自走完死亡之路。就像人们经常说的，“死亡带不走身外之物”。但众所周知，死亡也带不走朋友和家人。这就是人们觉得死亡如此可怕的原因之一。

但是，将死亡和衰退相提并论到此为止。与独自经历死亡不同，你不必独自经历衰退。事实上，你也不应该一个人面对衰退。问题是，许多人确实是独自一人面对衰退：在职业的上行阶段，他们我行我素，独打天下，人际关系却一塌糊涂；当步入人生下半场，他们缺乏来自人际关系这一安全网的支持。其结果是，人生下半场的任何改变都显得更加困难与危险。

在下一章中，我们来解决这个问题。

第六章
在爱中重建关系

我想我永远不会看到

像一棵树那么优美的诗。

——乔伊斯·基尔默，1913 年[1]

2018 年的一个美丽夏日，我在科罗拉多，坐在一棵高大雄伟的颤杨树下，为构思本书做前期准备，树叶在六月的微风中闪闪发光。

在我眼里，树坚固、坚韧、可靠、牢固，是真正成功人士的完美隐喻。就如《圣经·诗篇》中所描述的义人："他要像一棵树栽在溪水旁，按时候结果子，叶子也不枯干。凡他所做的，尽都顺利。"[2]

树，生来就强健、富有生命力，独立顽强。无论是森林里百万棵树中的某一棵树，还是萨凡纳热带大草原上独自屹立的一棵树，它们都默默地独自生长，达到自己的高度，最终孤独地死去。是这样吗？

不是。在那天的晚些时候，我偶然从一个比我更了解树的朋友那里得知，事实上，颤杨的庄严雄伟并不是那种孑然一身、踽踽独行的庄严雄伟。他向我解释说，每棵“独立的”颤杨都是颤杨林巨大根系的一部分。事实上，颤杨是世界上最大的生命组织，在犹他州，有一片名为“潘多”的颤杨林，占地约43公顷，所有林木总计重达600万千克。

与我在科罗拉多所看到的那棵“独立的”颤杨不一样，每一棵“潘多”颤杨只是从一个巨大的根系中长出的枝芽，它与从这一根系中长出的其他颤杨属于同一棵颤杨。

所以，科罗拉多的那棵“独立的”颤杨是否只是一个特例？夏天的晚些时候，我来到了北加州的红杉林。与只有单一根系的颤杨不一样，这种巨杉是地球上最大的单株树木。也许它们才是顽强独立品格的更好隐喻？

答案依然是：不是。这种红杉可以长到约84米高，根系非常浅，通常只不到两米深。它们可以屹立数百年甚至数千年不倒，这似乎违反了物理定律。但是，当知道另一个事实后，你就不会这么想了。事实是，红杉的浅根彼此缠绕在一起，随着时间的推移，它们融为一体，长成了茂密的树林。红杉本来是单株植物，但随着成熟与成长，它与其他红杉融为一体。

颤杨和红杉几乎是佛教信仰的完美隐喻，佛教认为“自我”实际上是一种幻象，其实人与人彼此关联，“个体”的生命只不过是更整全生命力的一部分。佛教徒认为，看不到这一点会让人生活在幻觉之中，并承受诸多痛苦。

无论在生理上、情感上、心理上、智力上，还是在精神上，人类生来就彼此关联，无论你信仰何种宗教，认识到这一点都有意义。一个孤立的自我是危险的、有害的，因为它不符合人的天性。眼里只看到一棵颤杨，这是对颤杨特性的误解。同理，无论一个人多么坚强、有为、成功，他以为他一路走来都是独自一人、单打独斗，这其实也是一种误解。

也许我们看上去很独立，但实际上我们是由家庭、朋友、社区、国家，甚至整个世界所组成的庞大根系的一部分。花开花落、潮起潮落是生命的必然，但花落、潮落等衰退并不是令人遗憾的悲剧。它们只是相互关联的人类家族里某个成员的变化，而这个成员是根系上一个小芽。拥抱衰退的秘诀——不，应该是享受它的秘诀是，更多地想想将你、我联系在一起的根系。如果连接你、我的纽带是爱，那么，你的进步将抵消我的衰退。也就是说，你中有我，我中有你，我并不会因为衰退而失去什么，在我衰退的时候，真实自我的其他部分正在进步。

此外，在关系网络中，我可以更自然、更轻松地跳上第二条曲线。事实上，晶体智力曲线是建立在互通互联的人际关系网络基础上的。没有这种关系网络，智慧就没有出口。

然而，建立一个人际关系网络并不是那么简单。许多奋斗者在孤独的幻觉中度过了他们的成年生活，现在正承受其结果。形象地说，他们的根系干枯、不健康。不那么形象地说，他们很孤独。本章的核心在于，如何建立或重建一个适当的根系网络。首先，我们将讨论为什么爱会影响幸福，尤其是在人生下半场，为什么爱与幸福关系如此密切。接着，我们将讨论如何直面孤独，这是许多成功人士都会面临的问题。

爱可以战胜一切

1938 年，哈佛医学院的研究人员突发奇想，打算开展一个疯狂但富有远见的实验：招募一群哈佛学生，跟踪观察他们的整个成年期，直至他们死亡。研究人员每年都会询问他们的生活方式、习惯、人际关系、工作情况和幸福感。尽管在接下来的几十年时间里，早期的研究人员会离世或者离开，新加入的研究人员依然能够观察到，这群学生年轻时的所作所为如何影响他们的晚年幸福。[3]

就这样，哈佛成年人发展研究诞生了。最初的 268 名男性研究对象来自各行各业，包括一些后来成为名人的人，如约翰·肯尼迪和《华盛顿邮报》编辑本·布拉德利。在过去的几十年里，这项研究的研究对象全都是哈佛男性，从人口统计学的角度看，样本过于狭隘，因而研究结论也不具有普遍性；同期还有一项研究，跟踪波士顿的456名弱势青年，可以将该研究与哈佛医学院的研究放在一起来看。80多年来，研究数据一直在更新。如今只有不到60名参与者还活着，目前这项研究正在追踪研究对象的子女和孙辈。

这项研究就像一个幸福水晶球，透过它你可以观察人们在20多岁和30多岁时如何生活、恋爱、工作，接着，你还可以观察，在接下来的几十年里他们的生活状况。长期担任这一项目研究主任的哈佛大学精神病学教授乔治·维兰特就研究结果写了三本畅销书。他的继任者、精神病学教授罗伯特·瓦尔丁格在TED上发表了一篇广为传播的演讲"什么样的人最幸福——时间最长的幸福问题研究结论"，该演讲点击量已经达近4000万次。

多年来，研究人员做的最有趣的一件事是根据研究对象晚年的幸福和健康程度来对参与者进行分类。最幸福的人被称为"幸福井"，他们拥有六个维度的身体健康、心理健康和较高水平的生活满意度。另一个极端是"忧郁病"，研究对象在身体健康、心理健康和生活满意度等方面的表现都低于平均水平。[4]

是哪些因素让这些研究对象成为两类人？对我们所有人来说，该问题至关重要，对不对？研究人员发现，一些因素是可控的，另一些因素是不可控的。那些不可控的因素——至少是我们自己无法控制的因素，包括父母的社会阶层、快乐的童年、长寿的祖辈，以及没有临床抑郁症。这些都不是什么关键或有价值的信息。

更有价值的是那些我们能够控制的因素，它们对晚年健康非常重要。下面是我们可以直接控制幸福的七大因素：[5]

（1）吸烟。很简单，不吸烟，或者至少早点戒烟。

（2）喝酒。研究显示，酗酒是导致“忧郁病”，以及令“幸福井”遥不可及的最明显因素之一。如果有迹象表明你酗酒，或者家庭成员酗酒，不要犹豫，也不要冒险，马上戒酒。

（3）健康的体重。避免肥胖，无须过度狂热，将体重保持在正常范围内即可，适度、健康饮食，不要时而暴饮暴食，时而疯狂节食，这么做不可持续。

（4）运动。即使是久坐不动的工作，也要坚持运动。可以说，最好的、最经得起时间考验的方法就是每天步行。

（5）有针对性地解决问题。这意味着要直面问题，客观评估问题，并直接解决问题，不要思虑过度，不要出现不健康的情绪反应或逃避现实。

(6) 教育。更多的教育会带来更活跃的思维，这意味着更长寿、更幸福的生活。这并不是说人人都要去哈佛，它只是意味着有目的的终身学习和大量的阅读。

(7) 稳定的人际关系。对大多数人来说，这意味着一段稳定的婚姻，但也可以是其他关系。关键是要找到一个可以和你一起成长的人，一个无论遇到什么困难都可以依靠的人。

七个目标并不多，但是，一个目标才最方便记忆。聚焦对集中精力、全力以赴非常有帮助。那么，如果只有一个目标的话，是戒烟、戒酒，还是运动？

都不是。根据乔治·维兰特的说法，良好的人际关系是决定晚年幸福的最重要因素。如他所言："幸福就是要去爱，别无他法。"[6] 他细细道来："幸福有两大支柱……一个是爱。另一个是找到一种不会将爱拒之门外的生活方式。"[7] 此外，他还引用了维吉尔的名言："爱可以战胜一切。"

维兰特的继任者罗伯特·瓦尔丁格这样说道："这些教导与财富、声望或勤勉工作无关。我们从中得到的最清晰信息是……研究表明，良好的人际关系能让人们更幸福、更健康。仅此而已。"此外，"那些在 50 岁时对自己的人际关系感到最满意的人，80 岁时也最健康”。

孤独的人

只要拥有爱！听起来很简单，不是吗？并非如此，对很多人来说，爱，一点儿也不简单，尤其是那些奋发向上者，他们为了世俗意义上的成功奋斗终生，但由于多年来疏于打理人际关系，当步入人生下半场之后，他们相当孤寂、落寞。

当然，孤独并不等同于独处，独处时，人依然与他人有情感和社交联系。事实上，独处对情绪健康和内心平静至关重要。有些人——我说的不是我，而是我的孩子——只要有健康的社交与情感联系，他们自个儿待着时就很幸福。神学家和哲学家保罗·蒂利希在他的经典著作《永恒的现在》中写道："独处是荣耀，孤独是痛苦。"[8]

孤独是一种情感上、社交上孤立无援的状态。孤独有一种古怪的特性：一方面，孤独的人无处不在；另一方面，每一个孤独的人的孤独感又不完全相同。小说家托马斯·沃尔夫在《上帝的孤独者》中写道："现在，我对生活的全部信念建立在这样一个信仰上，即孤独并不是一种罕见、古怪的现象，它是人类存在的、不可避免的基本事实。"[9] 孤独的人觉得他是唯一感到孤独的人。他正是在自己的孤独中感到孤独。

尽管孤独很常见，但这并不意味着它是无害的。研究已经证实，孤独所带来的压力会导致免疫力下降、失眠、认知迟钝和高血压。[10] 孤独的人倾向于选择高热量、高脂肪的饮食，比不孤独的人更易久坐不动。诺瑞娜·赫兹在《孤独世纪》一书中指出，就对健康的影响而言，孤独相当于每天抽 15 支烟，它比肥胖更糟糕。[11] 孤独还与认知能力下降、痴呆密切相关。

因此，卫生官员将孤独视为一种公共健康威胁也就不足为奇了。美国卫生资源和服务管理局局长维韦克·默西在其写作的一本关于孤独的书里说："在与病人打交道的这些年里，我发现最常见的疾病不是心脏病、糖尿病，而是孤独。"[12] 事实上，在写作本书的过程中，一位医生告诉我，一些病人长期找他看病，他们的主要目的其实是找人敞开心扉地聊天，这些病人通常都是杰出的成功人士。

美国卫生资源和服务管理局宣布，"孤独流行病"是一种新的病种，并特别指出，日益增长的"不参与社会团体活动、朋友少、关系紧张"等现象是导致"孤独流行病"的罪魁祸首。[13] 孤独正在推高医疗保健公司的成本。信诺保险公司投入大量资源研究社交孤独日益加剧的原因，该研究发现，2018年，46%的美国人感到孤独，43%的美国人认为他们的人际关系毫无意义。[14]

当然，不是每个人都会经历孤独。一些人的孤独是天生的，另一些人比其他人更孤独是他们所处的生活环境所致。虽然性别和年龄等因素可以预测孤独，但婚姻状况能更好地预测孤独，同离婚、丧偶和从未结过婚的人相比，已婚人士更不易感到孤独。然而，最孤独的却是那些身处“丧偶式”婚姻中的已婚人士。（工作狂们，请注意，你的配偶可能很孤独，并为此痛苦不堪。）

退休呢？我曾调查过人们是否在退休后会变得更孤独，我发现，确实有些人会，但只有那些素来就孤独的人才会。[15]换句话说，那些不知如何处理工作之外的社交活动的人，往往会在退休后更孤独。我认识的很多成功人士都这么说。

你可能想知道从事哪些工作、职业的人最孤独。结论可能是长期独自工作的人会很孤独，这似乎说得通。我想到了农民。高中毕业后，我的儿子在爱达荷州找了一份种小麦的工作。我还记得，到了收割季，他每天独自在收割机上工作14小时。农闲时，他整天都是自己一个人干活，不是修理篱笆，就是从土壤中挑石块。他几乎总是孤身一人。但我的儿子——他的社交能力很强——从来没有抱怨过孤独。事实上，工作之余，他几乎都是和朋友以及农场主在一起。

我还想到了推销员。他们常常独自一人出差，从一个酒店到另一个酒店，从一个机场到另一个机场，他们一定非常孤独，对吧？但是，事实证明农民和推销员都不在最孤独的职业名单上。根据《哈佛商业评论》的调查，律师和医生最孤独。[16] 也许和你的职业一样，这两种职业都是高技能、高收入、高声望的职业。

孤独的领导者

如前所述，事事力争上游的成功人士最容易因职业技能衰退而担忧。这一事实令人惊讶，人们觉得他们本不该如此，然而，事实就是事业成就越大，忧虑越多。

同理，成功人士也更容易孤独，孤独是成功人士的一种特有顽疾。许多家喻户晓的社会名流，人前风光，人后孤独。比如美食家安东尼·波登，一直以来，我都是他的粉丝。其实我对美食兴趣并不大，我只是觉得他的电视节目《波登不设限》和《未知之旅》充满了精致的美感，他用饮食这种平平无奇的方式，带着观众去体验人间百态，令我叹为观止。“他的生活一定很有趣。”我想。确实如此，波登在接受《纽约客》采访时说：“我拥有世界上最好的工作，如果连我都不幸福，那就是想象力的失败。”[17]

你可能明白我在说什么。2018 年 6 月 8 日，波登在法国一间酒店客房自缢身亡，当时他正在当地拍摄节目。我不太了解波登的私生活。出于专业兴趣而不是猎奇，我读了一些关于他的文章，这些文章讲的是究竟哪些因素可能会导致这样一个似乎拥有一切的人轻生。现有的解释包括酗酒、人际关系糟糕等，我反反复复地读，发现波登有两个特点：第一，他是工作狂；第二，如一位作家所言，“他的孤独深不可测”。[18] 自入行以来，波登一直在加班加点地工作。他身边总是围着很多人，热闹非凡，但据所有人说，他很少与其他人建立亲密关系。

并不是只有家喻户晓的社会名流才会感到落寞和孤独。很多普通的成功人士也有类似的经历。像所有被成瘾行为控制的人一样，有成功瘾的工作狂担心事业掉队落伍，他们埋首工作，眼里几乎没有朋友或家人。正如芝加哥大学已故的社会神经系统学家、研究孤独的先驱约翰·卡乔波所说，“孤独反映了一个人对人际关系的态度”。[19] 所以，即使是在家里，在拥挤的工作场所，除了既可怕又热爱的工作，工作狂一无所有，他们依然会感到孤独无依。

领导者特别容易感到孤独的很大一部分原因是，在工作中他们很难或者不可能与下属成为真正的朋友，这些下属都在他们的权威和监督之下。职场友谊如此重要，以至于 70%

的受访者说，它是让工作变得幸福的最重要因素；58%的受访者说，如果一份工作薪水很高，但在这份工作中他们不能和同事和睦相处，这种工作他们也干不下去。[20]2020 年，盖洛普所提供的一项数据分析显示，那些在工作单位有最好朋友的员工享受工作的可能性几乎是其他人的两倍，拥有高社会幸福感的可能性几乎比其他人高出 50%。

但是，职场高层往往会错过真正的职场友谊，并因此蒙受巨大的损失。例如《哈佛商业评论》的一项研究指出，一半的首席执行官在工作中感到孤独，他们中的大多数人都认为，孤独会影响其工作业绩。[21] 研究还表明，孤独会导致领导者精神内耗。[22]

职场高层孤独的原因并不是他们远离人群，还有谁会比公司首席执行官花在会议上的时间更多？他们孤独的原因是，作为领导者，他们身居高位，无法在工作中与下属建立深厚的人际关系。在职场上，成功人士是人群中的孤独者。

普林斯顿大学心理学家丹尼尔·卡尼曼及其同事的一项研究为领导者为何孤独提供了线索。调查人员让一大批职业女性回忆她们的一天，来确定哪些事情会使她们产生积极的情绪或消极的情绪。[23] 促进积极情绪的事情排序情况并不令人意外，性、社交和休闲放松，分别位列前三。最令人幸福的互动对象排序是：朋友、亲人和配偶（配偶位列第三，这个名次似乎有点不对劲，但也还好了）。导致负面情绪的前三件事分别是：工作、照顾孩子和通勤。在最令人不幸福的互动对象中，客户、同事分别位列第二和第三。位居榜首的是谁？老板。没有人愿意和孤独的老板待在一起。

我认为这一结论可以解释很多现象。1972 年的一项著名研究发现，在工作中，与老板成为朋友的下属会失去自己的自由意志，一旦老板对他不友好，后果往往很严重，他和老板之间的友谊会让一切都变味。[24] 最近的一项研究也表明，下属会物化老板，在他们眼里，老板并不是有血有肉、有爱有恨的人，老板只是权力、信息和金钱的分配者。[25]

但是，即使没有给老板贴上这种负面标签，下属员工也会主动将其与老板之间的关系变得尴尬和无趣。2003 年的一项研究发现，在职场中，下属员工经常将上级领导看作童年时期的权威人物如父母或老师。即使嘴上不叫老板“爸爸”，但他们依然无法和老板成为朋友，并且他们会在社交上孤立老板，即使老板是他们的前同事。[26]

有权威的老板也会主动孤立自己。在 1950 年出版的名作《孤独的人群》一书中，大卫·理斯曼声称，老板之所以孤独，是因为在通往成功的路上，他们需要管理和说服他人。[27] 因此，当下属在物化他们时，他们也在物化下属，彼此彼此。后来的研究发现，老板经常故意与员工保持距离，只有这样他们才可以公平地评估员工的表现。[28] 简单地说，如果你想解雇某人，你就不能和他走得太近。

浪漫之爱与友谊之爱

最能缓解孤独的关系是浪漫的伴侣关系和亲密的友谊，我们要培育自己身边的颤杨林。我们先来看看这两种关系，再想想为什么奋斗前行者常常会忽视它们。

有很多研究探讨为什么一些浪漫的关系是稳定的，而另一些则不然。众所周知，在美国以离婚或分居而告终的婚姻占比很大（2022 年的数据约为 39%）。[29] 但对幸福来说，真正重要的并不是在一起过日子。对哈佛大学研究数据的分析表明，在诸多影响因素中，婚姻对晚年主观幸福感的影响只占了 2%。[30] 美满如意的关系才是健康和幸福的重要因素。

流行文化告诉我们，拥有美满如意关系的秘诀在于浪漫的激情，这种观点是错误的。恰恰相反，在一段浪漫关系的早期，就会出现很多不幸福。例如，研究人员发现，这种关系经常伴随着思虑过度、嫉妒和“监视行为”——这些都与幸福无关。此外，关于灵魂伴侣或爱情天注定的“命运信念”与依恋焦虑如影相随，这预示着在这种关系中，人们很难做到宽恕、谅解。[31] 在某种程度上，浪漫常常控制着人们的大脑，它既可以令人兴高采烈，也可以令人陷入深深的绝望。[32] 确切地说，坠入爱河是幸福的启动成本——在这个阶段，恋人们既兴奋又有压力，但接下来他们必须坚持、忍耐，才能得到真正美满如意的关系。

幸福的秘诀不在于爱情，而在于保持爱的状态，后者取决于心理学家所说的“友谊之爱”——爱的基础不是时而汹涌澎湃、时而跌入谷底的激情，而是感情稳定、相互理解和忠贞不渝。[33] 你可能觉得“友谊之爱”有点令人失望，我第一次听到这个词的时候也是这么想的，毕竟为了赢得未来妻子的爱，我付出了巨大努力。但在过去的 30 年里，事实证明，我们不仅爱对方，我们也喜欢对方。她一直都是我的浪漫爱人，也是我最好的朋友。

植根于友谊的爱是创造真正幸福的原因。[34] 浪漫之爱全靠吸引力维系，它通常不会持续很久，热恋期一过，新鲜劲儿没了，这种爱就结束了。友谊之爱建立在彼此了解的基础上。正如一位研究人员在《幸福研究杂志》上直言不讳地总结道：“对那些将配偶视为最好朋友的人来说，婚姻给他带来的幸福感要多得多。”[35] 这是一种经得起时间考验、患难与共的爱，它能带来幸福美满。

相亲相爱的朋友在彼此陪伴、相互扶持中收获了快乐、满足和人生意义。他们激发出对方最好的一面，他们温柔地撩动对方，他们在一起快乐开心。卡尔文·柯立芝总统和他的妻子格蕾丝就拥有这样的友谊。据说，一次柯立芝总统和第一夫人格蕾丝参观一个家禽养殖场，第一夫人大声对农场主说："一只公鸡竟然要伺候这么多老婆，太了不起了！"[36] 农场主说："公鸡每天乐此不疲。"第一夫人笑着对农场主说："这话你最好去说给柯立芝先生听。"总统听到后问农场主，每只公鸡是不是只有一个老婆。农场主说："不是的，每只公鸡都有很多老婆。"总统说："这话你最好去说给柯立芝太太听。"

尽管公鸡是"一夫多妻"，但一夫一妻制的友谊之爱似乎最能让人幸福。我是以社会科学家而不是道德学家的身份来讨论这一结论：2004 年，一项针对 1.6 万名美国成年人的调查发现，无论是男性还是女性，在过去一年，拥有最多幸福的人的性伴侣数量为 1。[37]

你可以说，浪漫的伴侣关系是最重要的关系。然而，对避免孤独而言，浪漫之爱既不是必要条件，也不是充分条件。罗伯特·瓦尔丁格告诉我，他认为已婚的退休人士和单身人士的幸福感没什么差别。如果拥有其他亲密家庭关系或者友谊，一个人过照样幸福。

但是，同样重要的是，婚姻关系不能是你唯一真正的友谊。2007 年，密歇根大学的研究人员调查了年龄在 22 岁到

79 岁之间、自称有亲密朋友的已婚人士，[38] 结果是，至少拥有两个朋友（其中一个不是配偶）与较高的生活满意度、自尊心和较低的抑郁水平相关。对于那些说不出两个朋友名字的人来说，婚姻关系在满足情感需求方面发挥了重要作用，但这也可能引发问题。让婚姻承包全部情感需求，会给婚姻带来很大的压力，让婚姻中的坎坷变得更多。

我父亲唯一的、真正的密友是我的母亲。他是一个内向的人，亲密的友谊来之不易，所以与配偶成为密友是一条捷径。他们的婚姻很美满：婚礼在大学毕业后四天举行，婚姻持续了 44 年，直到他 66 岁去世。

但是，就像把鸡蛋放在同一个篮子里的单一投资组合一样，将配偶或伴侣作为自己唯一的亲密朋友是不明智的。一旦婚姻出了问题，你可能会重返单身，那你就没有朋友了。离婚或者配偶去世，就常常会出现这种问题。

随着年龄的增长，许多年长者都发现了这一点，于是，他们在家庭之外去建立自己的朋友圈。女性尤其明显，与男性相比，她们拥有更大范围、更密集、更能提供支持的朋友圈。[39] 而且她们的朋友圈是按性别划分的，除了丈夫，很少有年长女性将男性视为朋友——只有五分之一的年长女性会把男性朋友列入自己的密友名单。

如果年长男性发现妻子在家庭之外寻求友谊，他们应当理解妻子的这种需求，这很重要。随着年龄的增长，与女性相比，婚姻关系的情感意义对男性更重要，因为很多男性为了工作放弃了真正的友谊，他们的友谊更多地体现为在高尔夫球场上的生意与交易，而不是情感。[40] 而他们的妻子则在丈夫之外经营友谊，从而找到了情感支持，坦率地说，这么做是谨慎和明智的。

有些人认为，随着年龄的增长，亲密关系将围绕成年子女展开。毕竟，无论是在事实上还是在象征意义上，我们在这些关系上付出了很多。他们了解我们，我们也了解他们——我看着我的孩子，就像看到自己二十几岁时的灵魂！当我老了，他们难道不应该是我最好的朋友吗？

可能不是。每每看到自己和成年子女之间的大部分冲突，我就想起了我和父母之间的糟糕关系。我的父母是好父母，但那时的我想要独立。我认为父母与子女之间保持一定的距离很重要，我不是想远离痛苦，而是想拥有自己的生活。同理，我的子女也这么想，我们关系很好，但他们只关心自己的生活，并不关心我的生活——这是他们应该做的。研究也发现，与成年子女相处相比，年长父母与没有亲属关系的朋友相处更容易获得幸福。[41] 正如两位研究友谊的学者所说："与家庭成员的互动通常是出于义务，而与朋友的互动则主要是出于快乐。"[42]

你的朋友是真正的朋友，还是生意上的伙伴？

多年前，我和儿子卡洛斯在佛罗里达钓鱼。他当时十二三岁，这次旅行是我给他的圣诞礼物，他每年的圣诞礼物都是我们父子二人一起去佛罗里达打猎、钓鱼。10年来，我们年年都这么过圣诞节，直到他加入美国海军陆战队（他承诺，等退役后，他还要和我一起过圣诞节——作为送给我的圣诞礼物）。

周六一大早，我们正准备去奥基乔比湖钓大嘴鲈鱼，这时我的手机响了。我看了一下来电显示，来电者是一家大型基金会的负责人，当时我在一家非营利组织担任总裁，和这家基金会有一笔生意上的往来。“我得接这个电话。”我告诉卡洛斯，然后坐在车里和这位负责人通话。尽管我们私交并不深，但在最初五分钟的通话中，我们闲聊了一下各自的家庭，接着开始谈正事。

挂断电话后，卡洛斯问我和谁通话。“一个朋友。”我回答。严格来说，他真的是我的朋友——我们很喜欢对方，彼此总是直呼其名。我和他共进过一次晚餐。卡洛斯看着我，每次当他认为我一派胡言时，他就那样看着我。

“是真正的朋友，还是生意上的伙伴？”他问道。

这孩子真聪明。听他这么说，我一下子愣住了。他当然是生意上的伙伴——卡洛斯非常了解我。但我还是问他说这话是什么意思。“你没有很多真正的朋友，”他说，“你认识很多重要的人，你们互相帮助，但他们仅仅是你生意上的伙伴，而不是真正的朋友。”

在毫无意识的情况下，卡洛斯区分了不同类型的友谊。2000多年前，在《尼各马可伦理学》一书中，亚里士多德也做了类似的区分。亚里士多德指出，存在一种从最低到最高的阶梯式友谊结构。实用型友谊位于阶梯的最底层，这种友谊的情感纽带最薄弱，于人于己的益处最少。用卡洛斯新造的词来说，这种友谊就是生意伙伴。这种朋友能帮助我们得到我们想要的东西，比如事业有成，这是工具意义的朋友。

在阶梯的更高一层，是能给人带来快乐的友谊。两个人之所以能成为朋友，是因为他们彼此喜欢、欣赏，觉得对方有趣、好玩、漂亮或者聪明。换句话说，你喜欢的是对方的内在品质，这种友谊比实用型友谊更高尚，但基本上这种友谊依然是工具型友谊。

在阶梯的最高层，是亚里士多德所说的“完美友谊”，它建立在人们希望对方幸福，以及他们对个体之外的至善和美德共同热爱的基础上。这种友谊可能是基于宗教信仰，也可能是基于对某项社会事业的热情。它没有功利主义色彩。

当一个人发自内心地而不是有目的地与你分享共同的激情时，你们之间的友谊就不是工具型友谊。

当然，我们可以同时拥有各种类型的友谊。我既有我很欣赏的生意伙伴，也拥有分享善良和美德的挚友。但在大多数情况下，当我根据亚里士多德的分类，井井有条地将这些不同类型的友谊放入不同的篮子里时，我发现装实用型友谊的那个篮子往往装得最满。

卡洛斯的问题让我反思如下事实：就像很多努力工作、有抱负的人一样，我有很多很多的“生意伙伴”，但没有太多真正的挚友，因此，我很孤独。我发誓要为自己培养更多的真正友谊。

你呢？你有真正的挚友吗？还是只有生意上的伙伴？这对你的幸福很重要。2018 年，加州大学洛杉矶分校的研究人员进行了一项关于孤独的调查，他们问受访者是否觉得别人不了解自己。[43]54%的受访者说他们“总是”或“有时”有这种感觉。你的回答也是这样吗？在回答这一问题之前，你试着说出两三个真正的挚友的名字。如果你是已婚人士，将配偶排除出去。现在，如实回答：你最后一次和这些“真正的挚友”深入交谈是什么时候？如果遇到麻烦，你会给他们打电话吗？

如果你很难说出两三个朋友的名字，那就有问题了。如果你已经几个月没和他们说话了，或者遇到了危机不给他们打电话，你很可能把真正的朋友和生意上的伙伴混一起了。这并不是说你不诚实——你可能只是很长时间没有去培养真正的友谊了。

对那些多年——也许从孩提时代起——没有培养真正友谊的人来说，培养真正的友谊是一件费心棘手的事情。研究人员发现，与女性相比，这事儿对男性更难。[44] 此外，女性通常将友谊建立在社会和情感支持的基础上，而男性更可能将友谊建立在包括工作在内的共同活动上。换句话说，女性拥有更多真正的挚友，男性则拥有更多生意上的朋友。[45]

对幸福尤其是晚年幸福而言，真正的挚友至关重要。许多研究表明，在中老年人群中，幸福的一个重要标志是能脱口说出几个真正的、亲密的挚友的名字。[46] 要拥有幸福并不一定要有很多朋友，事实上，随着年龄的增长，人们的择友标准会越来越高，亲密的挚友会越来越少。[47] 但是，不应该一个亲密的挚友都没有，也不应该只有配偶一个密友。

发现这些规律后，我下决心结交一些更亲密的朋友，我的妻子也决定帮我。对任何人来说，这件事情都不容易办到，对我来说尤其困难，由于经常搬家，我没有足够的时间和邻居成为朋友。因此，我们制订了一个计划：我们开始围绕特定主题的聊天来组织邻里间的社交活动，这些聊天的话题都很深刻。冒着成为“严肃先生”和“严肃夫人”的风险，我们利用晚餐时间和朋友们谈天说地，将话题从度假计划、买房等琐事转向幸福、爱和精神层面。这样的谈天说地有时会增进我们的友谊，同时，如果我们发现它无法建立更令我们称心如意的友谊，那就立马就此打住。

爱的障碍

以下是关于如何打造人际关系，即培育你的颤杨林的一些关键要点：

- 你需要强大的人际关系来帮助自己跳上第二条成功曲线，从而实现人生第二春。
- 无论你多么内向，都要有健康、亲密的人际关系，否则，老来孤家寡人，不可能幸福安康。
- 对已婚人士来说，一段充满爱和友谊的婚姻关系是成功的关键。
- 婚姻、家庭关系不能完全替代亲密的友谊，友谊不能只靠运气。
- 友谊是一项技能，它需要练习、付出时间和遵守承诺。
- 尽管如果刻意经营，生意上的伙伴也可以令人满意，但它不能替代真正的挚友。

回顾过去几年的采访和对话，我发现很多人对上述要点以及应当立马着手培养人际关系的建议十分抵触。以下是他们经常跟我讲的三句话。

“我只是没有时间。”

确实，爱情和友谊非常浪费时间。它们会挤占其他许多事情的时间。比如……好吧，说实话，对于本书的很多读者来说，它们挤占了工作时间。如果你也是这么想的话，那么，你的工作正在妨碍爱情、育儿和真正友谊的正常发展，你对什么事情重要、什么事情不重要的排序不对。

请记住，成瘾行为的一个典型迹象是，一些与人不相关的事物开始取代人际关系。如此一来，我们之前讨论过的“工作狂”就出现了——为了业绩、收入和功成名就玩命工作。如果你也有工作狂的迹象，建议你多交朋友也于事无补，你永远不会拿出时间和精力去建立亲密关系。因此，你首先需要解决的是工作狂问题。

承认这一事实的前提是，正视工作狂竭力假装看不见加班加点工作的这一问题。如果一段关系本身就不正常，可能是因为人们多年来对之不理不睬，而成瘾只会让关系变得更糟。值得一提的是，一位老人在临终前对家人说“我希望在工作上花更多的时间”，这种情境下的陈词滥调根本就是笑话。为了摆脱工作瘾，工作狂必须重新安排时间，只有这样他才能建立或重建自己的友谊和家庭生活。

一旦承认这一事实，就会引出我经常听到的第二句哀叹：

> “我的人际关系实在太糟糕了，根本不知从何下手。”

一些人多年来疏于培养与他人的友谊。然而，多年来他们不管不顾的不仅仅是家人关系、朋友关系，他们更大的问题是没有采取行动去建立亲密关系。一个人如果长时间疏离亲人、朋友，基本上他会失去“爱的能力”。

如果失去了“爱的能力”，那么，你需要重新唤醒自己沉睡已久的人际关系技能。第一步，清楚地说出你对更深层次关系的渴望。这意味着你向他人传达了信号，你承诺改变自己，但更重要的是，这也意味着你给自己传达了信号。通常，在我们大声说出来之前，改变只是我们头脑中的一个想法。我认识一些人，他们几十年来一直在“想着”改变生活。他们思来想去，最后还是觉得，减少工作、多陪家人和朋友没有多大价值。但你还是要大声告诉你所爱的人——我想改变，这么做会将想法植入自己的大脑，有助于真正实现目标。

但是，如果我们不知道如何经营、打理人际关系，那该怎么办呢？难道让一位65岁的生意人去打电话给另一个人，提议一起玩吗？荒谬！

事实上，这么做也许没有你想象的那么荒谬。当我的孩子们还非常小的时候，我们会让他们和其他孩子一起玩。他们玩不到一块儿去的话，可能会玩一些儿童发展专家所说的“平行游戏”，即各玩各的，但他们还是“在一起”玩。这是他们学习交友技巧过程的一部分。渐渐地，他们开始有了更多的互动，几个月之后，他们开始在一起玩同样的玩具。

在美国、英国、澳大利亚等国家，出现了一种新的现象，叫作“男性工作坊”。基本上它就是为年长男性提供场所玩平行游戏，重新学习交友技巧的。[48] 这些孤独的男人被他们的亲朋好友送到堆满木工工具的工作坊，他们中的许多人都退休了，在这里他们和其他男性一起做手工。记住，男性倾向于在共同活动中建立友谊，既有共同活动因素，又不需要直接合作的手工活为他们提供了成为朋友的机会。渐渐地，男人们开始互相交流，在结交新朋友的同时他们也重建了友谊。“我来这儿，跟人们聊聊天，我觉得自己做了些事，一开始我很紧张，但大家真的很欢迎我，现在我每周至少来一次。”一名正在为朋友制作足球形奖杯的男子对《华盛顿邮报》的记者说。[49]

不管是工作坊还是别的什么，都可以，形式不重要。对于需要重建关系的女性来说，她们的方法可能完全不同。发展友谊的关键在于行动，而不是想法。

“我觉得他们不会原谅我。”

在某些情形下，来自“亲人和朋友”的恶意也会让关系紧张。几十年来，由于疏于经营打理，成功成瘾者的婚姻关系常常比较糟糕，他们与成年子女的关系也淡漠疏远。多年来，这些需要以及值得成功成瘾者去爱、去关心的人，却常常得不到爱和关心，于是，他们对成功成瘾者产生了深深的怨恨。

是时候做出补偿了。成功成瘾者可以向酗酒者学习一些弥补方法。遵循匿名戒酒会12步计划的人都知道，如果没有第9步补偿是不可能的：“尽可能直接补偿这些人，除非这样做会伤害他们或其他人。”正在康复中的酗酒者开出了一个名单，列出了因自己成瘾而伤害和忽视的人；如果可能的话，他们必须向名单上的每一个人做出补偿。

显然，这很复杂。“很抱歉那天晚上我喝醉酒撞坏了你的车”，这种道歉可能不会立竿见影地修复人际关系。但这是一个良好的开端，尤其是当你的道歉以戒酒和还债作为保证时。对于那些成功成瘾者来说也是如此。“对不起，当时我去开了一个乏味的董事会会议而没去看你的芭蕾舞表演，现在我早已将这场会议忘得一干二净了。”虽然赔罪补偿可能并不能解决所有问题，但要解决问题必须诉诸新的行动。在改善人际关系方面，行动比言语更重要，尤其是过去的你一直喜欢夸夸其谈时。

岁月不等人

在前文中，为了提醒学生们注意生命的有限性，我问了他们一个问题：数一数你们还能过多少个感恩节？事实上，这也提醒了我。如果我的寿命和父母一样，我大概还能过八个感恩节。（我们布鲁克斯家族的人寿命都较短。）我问这个问题的重点不是让人灰心丧气，而是提醒大家，应当把时间花在那些令人难忘的、难能可贵的事情上，应当对“岁月不等人”有更深刻的认识。如此，我们才能更明智地利用时间。这就好比说，我们应该把生命中每一天都当作最后一天来过。

如果遵循这一观点，我们可能会处理好工作狂和成功成瘾者的问题。工作狂和成功成瘾者总有一种认知错误，他们觉得自己的时间是无穷无尽的，因此，如果未来的时间延绵不绝，接下来的 1 小时需要做什么事对他们而言并不重要。但是，当生命接近尾声时，他们再想要去改变，就为时已晚，只能束手无策，眼睁睁地看着。

这就是商业管理顾问所说的“系统测量误差”。本着这种精神，我借用一位商务专家在其著作中的建议来进行自我练习，解决自己的问题。这位专家就是哈佛商学院已故的克莱顿·克里斯坦森教授，我也在该学院任教。我到哈佛的几个月后，克里斯坦森就去世了，他的名作《你要如何衡量你的人生》是他留给哈佛商学院的一笔重要遗产。[50]

克里斯坦森用评价公司的方式去分析美好的生活，这本书很值得一读。书中也提供了一种三步走的练习方法，这种练习在帮助我们经营满意的关系的同时，也可以避免我们掉入工作狂和成功成瘾者的陷阱。

1. 为亲人朋友留出时间

成功人士都擅长边际思维——确保自己的时间都花在最值得花的事上。问题是这么做的话，他们会搁置那些短期来看没有明确回报的事情。这就是为什么即使筋疲力尽、效率低下，工作狂依然宁可额外加班 1 小时，也不要早回家 1 小时，如此日复一日，年复一年，最终他将自己变成了孤家寡人。

为了避免这种错误，每个月我会选择在周日下午，用一个小时想象自己正处于生命的最后时刻，身边围着我爱的人，我想象他们会跟我说什么。

然后，我回到现在。我想在接下来的几周里，我应该如何分配自己的时间。在一周的时间里，我需要做点儿什么来培养能给自己带来亲密友爱的人际关系？我的决定可能是准时下班，和家人吃晚饭，晚饭后和家人一起去看场电影。

2. 想他人之所想

人们将许多企业失败的原因称之为“埃兹尔问题”。埃兹尔是1958年福特汽车公司出品的一款汽车，这款汽车深得福特汽车公司高管的喜爱，但消费者却很讨厌它。因为高管卖自己喜欢的东西，而不是顾客想要和需要的东西。在人际关系中，人们可能也会这么干，尤其是当他们多年疏于经营人情世故，人际交往能力下降时。他们的心态往往是这样的：我已经给了家人和朋友机会，让他们在我有空时来找我，让他们做我感兴趣的事情。如果在工作中一切都是我说了算，那么，在家里我也是！这是理所当然的。

但是，这是不对的。在爱的关系中没有等级区别，只有互惠互助。在爱的关系中，我们要给予他人想要的、需要的东西，而不是给予对我们而言最方便的东西。

通常我会列一张清单，上面列出了我需要进一步加强联系与沟通的人。然后，我为每个人列出只有我才能做到的，并且是他们需要我做的事情。例如，有些事情只有我才能为我的妻子做，有些事情只有我才能为我的成年子女做。如果不为他们做这些事，我们彼此之间的感情很快就会变淡。

3. 急他人之所急

有一天，上高中的儿子问我："你真心希望我的人生能实现哪三件事？"想了几天后，我被自己的答案惊呆了。我没说快乐，因为虽然快乐很重要，但有目标、有意义的美好生活也可能需要一点不快乐。当然，我也没说金钱或名誉，这点你已经可以猜到。最后，我告诉他，我希望他能做到诚实、有同情心和有信仰。我觉得只有拥有这些品质，他才能成为最好的人。

从此，我决定为自己最爱的每一个人写下我希望他们完成的三件事，然后问他们：要实现这些目标，需要我做些什么？我是否也为发展这些目标和品质投入了自己的时间、精力、情感、专业知识和金钱？我有以身作则吗？我需要一个新的投资策略吗？

回报

2009 年，罗切斯特大学的研究人员做了一项研究，他们招募了 147 名刚毕业的大学生，询问他们毕业后的目标。[51] 研究发现，这些学生的目标分为两类，一类是“内在目标”，另一类是“外在目标”。内在目标，是指从深层持久的关系中获得满足感的目标。外在目标，则是指赚很多钱，拥有很多物质，掌握权力或得到名望的目标。

一年后，研究人员跟踪调查了这些普通参与者的表现。首先，他们中的大多数都实现了自己的目标，那些想要良好人际关系的参与者人缘都不错，而那些想要金钱和权力的参与者也走上了通往这些东西的道路。这是一个非常重要的发现：你会得到你想要的东西。这越发印证了那句老话：“许愿要小心，万一它实现了呢？”

调查的第二个发现真的意义深远。一年后，追求内在目标的人过得更幸福。与此同时，追求外在目标的人的负面情绪如羞愧、恐惧更多，他们中的一些人甚至疾病缠身。简而言之，如果一个人的生活目标只是金钱、名望和其他世俗之物，他将欲壑难填，无法满足。

你应该知道，对吧？多年来，也许你一直是一个完全沉溺于外在目标的人，甚至你对这些世俗社会的身外之物极度上瘾，超越了自己的流体智力曲线。但是，如果将来你成熟了，阅历丰富了。换句话说，如果你像我一样，成名甚晚，到时你就会知道，将外在奖励作为目标愚不可及。正是因为割舍不掉这些身外之物，我们才在生活中屡屡遇挫。年轻时，你满怀希望，以为只要最终实现这些目标就会满足。随着时间的流逝，你会发现它们从来不能令自己满足。但你的习惯是如此根深蒂固，你如此执着追逐这些俗世回报……你抱着一线希望，如果最终拥有了这个或实现了那个世俗目标，你一定会得到自己梦寐以求的满足感。但这只是徒劳无益的奔波折腾，它只会让你在不断下降的流体智力曲线上停滞不前，这是你唯一可以得到的回报。

只有转向内在目标，你才能得到自己真正想要的东西，并为自己跳上第二条成功曲线做好准备，这需要人际关系的支持，需要用爱和智慧度人。但是，在接下来的岁月里，你找到新的目标了吗？你可以找到，但你得大声说出自己所追求的内在目标。

这里有个小技巧，想象自己在派对上的样子。有人问："你是做什么的？"你的答案不会与那些身外之物比如职位挂钩，你知道哪些事情才可以给自己带来最大的满足、意义和幸福，比如精神生活、人际关系，以及帮助他人。别老想着说“我是一名律师”，你可以说“我是一个妻子和三个成年孩子的母亲”。如果一开始你自己都不太相信这就是真正的自己，也不用多虑。你将在生活中用行动证明这一事实。

当人际关系成为一个人存在的意义和满足感的“正式”来源时，我们很难完全描述他所得到的回报有多少。人们将其与发现宝藏相提并论，他们唯一遗憾的是为什么没有早点去培养人际关系。作家也常常歌颂爱情和友谊带给人们的幸福。正如拉尔夫·沃尔多·爱默生在《论友谊》一文中所写的那样：

> 今天早上醒来时，我的心中充满了对朋友由衷的感激，无论新知还是故交。难道我不应当将上帝称作至美吗？他每天恩赐我很多很多，向我展示他的至美。我拒绝社交，拥抱独处，然而，我却不至于如此不领情，对不时从我门口经过的智者、可爱之人、高尚之人视而不见。那些倾听我、理解我的人，就是属于我的一笔永恒的财富。

一份亲密的友谊，无论是来自挚爱的伴侣，还是来自亚里士多德所说的“完美的朋友”，都比任何事业上的成功要好。没有什么比它们更能抚平职业下行所带来的创伤了。

以J. S.巴赫为例，我在前文讲过他的故事。他热爱自己的工作，早早就功成名就，但他很清楚什么东西对自己最重要。如果没有全身心地付出，一个人不可能成为20个孩子的慈爱父亲。J. S.巴赫与妻子，以及他们孩子之间的温暖关系也充分证明，他在家人身上倾注了无尽的爱。他爱他们，他们也爱他。在某种程度上，巴赫在工作和生活之间找到了平衡。他为孩子们研习音乐编写了《二部创意曲》和交响曲，他的第二任妻子为他誊写乐曲，他是孩子们音乐事业的主要推动者。巴赫晚年生活幸福安乐，离世时也很平静，原因不在于他是一名成功的作曲家，而在于在生命的最后几十年里，他没有取得太多世俗成就。正是巴赫精心培养的人际关系，推动了他从第一条成功曲线跳上第二条成功曲线，从原创作曲家成功转型为大师级的教师。

拥有更高的爱

那天在颤杨树下，我以为我有了一个真正原创的观点，其实不然，在我之前，很多人都看到了这一点。最著名的观点可能来自亨利·大卫·梭罗，他写道：

> 两棵健壮的橡树，并排长在一起，
>
> 经历冬天的滔天风暴，

但它们依然是草地的骄傲，
因为它们根深叶茂。

它们的树冠几乎不接触，但充满力量，
它们彼此欣赏，
深入它们最深处的根系……
你会发现，
它们的根缠绕在一起，
一刻也不分离。[52]

爱与友谊天生就有不凡之处，只要我们愿意，它们会施展魔法，让我们摆脱社会各种世俗事务。当奋斗前行者从第一条成功曲线转向第二条时，他们将会拥有一个不可思议的机会，从与事业衰退做苦苦抗争转向用爱度人，而后者才是幸福的源泉。

事实上，谈到爱时，英语是一门贫乏的语言。在希腊语中，有好几个不同的单词表示爱：朋友之间的爱（*philia*），伴侣之间的爱（*eros*），父母对子女之爱（*storge*），自爱（*philautia*），对陌生人的爱（*xenia*）。

但是，在希腊所有爱的概念中，最超然的爱是灵性之爱（*agape*），即人对神的爱。据说，这种爱是最高、最幸福的爱，是人间极乐狂喜。然而，许多奋斗前行者都得不到这种爱，一直以来，除了自己，他们只相信世俗的奖赏。我们的下一课是，无论身处人生旅途的哪一个阶段，我们都能得到这种爱，它能给我们信心，让我们继续前行。

第七章
进入你的林栖期

2018年2月的一个潮湿闷热的早晨，我出发深入印度南部乡村。目的地是一个名叫帕拉克卡德的小镇，它位于喀拉拉邦和泰米尔纳德邦之间的边界附近。

我应该把时间线再往前拉一点。自打年轻时偶然接触印度教大师帕拉宏萨·尤迦南达的著作以来，我就开始关注四行期（ashramas）这一古老印度理论，这一理论关注中年转型及如何找到个人幸福和超脱。对于这种理论，我知道的就只有这么多了。我用谷歌搜索找来一些英文书，还向印度朋友请教细节，但是我对它了解并不深。其实这一点儿也不奇怪。大量深奥的印度教哲学都在抵制思想和信息的全球化。有人告诉我，如果想要找到我所追寻的事物，需要老师面授机宜。

对我来说，这不难。多年来，我一直是一个印度迷。自从19岁那年第一次到访印度以来，我就爱上了那里的文化、音乐、食物、哲学，尤其是印度人本身。他们的幽默诙谐、闲适自在，让我如沐春风，宾至如归。每年我都会找个借口至少去印度一次，在南亚次大陆上，我曾追随许多灵魂导师。

2018 年在印度的一天，我凌晨 4 点起床，坐了几个小时的车，来到一间不起眼的小房子，希望在那里可以与大师斯里·诺丘尔·文卡塔拉曼会面。人们称文卡塔拉曼为“阿查里亚”（“老师”之意），据我所知，他可以跟我讲解四行期理论，更确切地说，他能告诉我当步入人生下半场时，我应该成为什么样的人。

能见到阿查里亚绝非易事。与许多追求财富和名望的印度企业家不同，阿查里亚并不富有，他不希望在媒体上曝光，也从未去过西方。他是一个安静谦逊的人，致力于帮助人们在精神上成长。他对寻求创业新点子的技术人员或逃避宗教信仰的西方业余爱好者不感兴趣。我告诉他的随从，此行我的目的既不是寻找新信仰，也不是赚钱，一番解释之后，我说服了他们。

虽然现场没有摄像机，但这次会面的情景仿佛是为制作电视节目量身定做的。我脱下凉鞋，走进一个不起眼的房间，阿查里亚被一群沉默的供奉者包围。他双手合十，对我说：“我一直在等你。”我们端坐下来，我立刻感到了一种彻底的平静。有那么几分钟，我甚至忘了自己为何在此。

回过神来之后，我向阿查里亚说明来意——学习如何在人生的不同阶段做恰当的事。随着年龄增长，许多人的工作能力开始衰退，他们为此痛苦不堪。而步入人生新阶段，道阻且长。我听说他能就这些问题给我一些启发。

在接下来的两个小时里，阿查里亚跟我讲解了四行期这种古印度的教义，正确的人生应当经历四个阶段，即四行期。理想状态下，人在每一个阶段活 25 年。当然，这种情况通常不太可能发生。在今天的美国，一个人活到 100 岁的概率只有大约六千分之一；在印度，这种可能性更低。但四行期智慧的深层意义不在于活到 100 岁，也不在于把生命周期切分成相等的部分，而旨在告诉我们在人生的不同阶段都值得花时间。

第一个阶段是**梵行期**，又称学生期，即以学习为中心的青少年时期。第二阶段是**家住期**，即成年人发展事业、积累财富、经营家庭的时期。看起来，第二阶段的目标相当明确，也不会引起争论，但印度哲学家发现，人们在这个阶段被金钱、权力、性欲、声望等世俗目标缠身，这些都是人生中最常见的陷阱，并且他们力图让自己的一生都这么过。这些听起来是不是很耳熟？这是对被困于流体智力曲线上的另一种描述，在追逐阿奎那笔下的金钱、权力、快乐和荣誉四种世俗羁绊的过程中，人们不断自我物化，并且永远不满足。

要打破世俗羁绊的约束，就需要转向生命的新阶段，拥有一套全新的精神技能。阿查里亚说，转型可能很痛苦，它是一次蜕变，就像第二次成为成年人。转型意味着放手，放弃那些被凡夫俗子用来定义自我的俗事。换句话说，我们必须超越世俗奖赏，着手转型，在新的人生阶段找到人生智慧，击败执念。如果足够勤勉，50 岁左右，转型就开始了。

新的阶段被称为**林栖期**，它来自两个梵语单词，意思是"归隐"和"进入山林"。[1] 在这一阶段，我们开始有意识地放弃旧的个人责任和职业义务，更多地专注于灵性、深层智慧、晶体智力、教义和信仰。但是，50 岁时退隐山林并不是完美人生的必经之路，这种转变仅仅意味着人应该调整不同阶段的人生目标。林栖期是跳上第二条成功曲线的形而上表达。

阿查里亚告诉我，林栖期并不是人生最后一站。人生的最后一站是**遁世期**，这是人生的最后一个精神阶段，一个彻底超脱凡尘俗世的阶段。在过去，一些印度男性会在 75 岁左右离开他们的家庭，立下誓言，在师父身边祈祷和学习经书，了却余生。用阿查里亚的话说，"当你意识到自我的那一刻，你就知道自己属于自我，你不再属于肉体。你知道自己就是无限的真理。一旦有了这种认识和觉悟，你就进入了遁世期”。

即使对75岁坐在山洞修行没什么兴趣，你应该也能明白这一点。人生最后阶段的目标就是明白生命最深的奥秘。要实现这一目标，需要你从林栖期时起，就开始进行哲学和信仰方面的研究，即过沉思的生活。就像不能指望一名运动员不经过训练就能在奥运会上取得好成绩一样，你也不能指望不过沉思生活，就能够超凡脱俗。

我想，我们凭直觉就能理解这一点。也就是说，当我们成熟时，应该追求精神上的成长，步入晚年时，才能超凡脱俗。这就是为什么那么多人步入老年后又有了信仰，无论是旧的信仰、新的信仰、认识更深的信仰，还是更新迭代的信仰。

但是，总有人会竭尽全力地拒绝转型。在顽固地反对衰退和否认实际转型的同时，他们也堵死了继续前行的路。在生命的最后几十年里，他们望着汽车的后窗，焦虑地看着昔日荣光不断远去，却不愿意想想未来依旧可期，同样有新的承诺和了不起的冒险。他们和飞机上的那个人一模一样。

我告诉阿查里亚飞机上的那个人。他仔细听着，想了一会儿，跟我说：“他没能离开家住期，还沉迷于俗世奖赏。”他解释道，他对自我价值的评价标准可能仍然来自多年前对事业成功的记忆，这纯粹是职业技能衰退的副产品，甚至他自己也承认这一点。今天的任何荣耀都只是过去荣耀的影子。与此同时，他完全跳过了林栖期，没有涵养自己的精神，现在又错过了遁世期的幸福。

这为我们这些因步入职业下行期而充满失落感并备受折磨的人提供了一个路线图。假设你是一名律师、记者、首席执行官，或者就像我一样——与阿查里亚见面时，我是一家智库的总裁。无论是青年时期，还是人到中年，你都紧踩油门，以事业为中心。你追求成功这一世俗回报，你取得了小小的或者了不起的事业成就，你可能会深深迷恋这些俗世奖赏。但是，你也应该做好准备开始放手了。不断衰退的流体智力提醒你，时候到了，不要再与命运负隅顽抗，抗争只会使你的不满与日俱增，并徒增沮丧。相反，现在的你应该提升自己的晶体智力，用智慧度人。

我问阿查里亚，他会给那些与我年龄相仿的工作狂和成功成瘾者什么建议，以避免这群不幸福的男男女女一想到要离开家住期就焦虑不安。他静默了很久。“认识你自己，”最后他说道，“这就是我的全部建议，没有其他的了。除此之外，没有什么可以给他们自由。”

“那么，我们该如何入手？”我问。

“从心入手。”他回答，“心境澄明，智慧自生。”

与日俱增的信仰

许多人发现，自进入中年过渡期之后，他们对宗教和精神世界的兴趣与日俱增，这是始料未及的。步入中年后，他们对信仰、宗教、灵性或者也许纯粹是一种对先验之物的好奇开始在心中蔓延滋长。人们常常对“魔法”这类东西持怀疑态度，他们可能无法理解这种心态。人一过十岁就成了唯物主义者，不再相信复活兔（复活兔是复活节的象征之一，表示复苏和新生），更别说年过四十岁。但是，当一个人四五十岁或者年纪更大一点儿的时候，他的灵魂又开始转向。随着年龄的增长，很多人又开始认为形而上是真实的，他们自己也无法解释为何会发生这种改变。

神学家詹姆斯·福勒在 1981 年出版的名著《信仰的阶段》（*Stages of Faith*）[2] 中解释了这一现象。在研究了数百名受试对象后，福勒观察到，许多年轻人都会对那些看起来武断的观点或者道德滑坡的指责——如关于性欲的看法，心生反感。由于宗教无法解释生活中那些最难解的谜团，他们可能对“即便世界充满苦难，上帝仍是慈爱的”这种观念不再抱有幻想。

然而，随着年岁渐长，他们开始意识到生活本身就一片混沌。根据福勒的说法，从这时候起，他们开始接纳宗教的不置可否和前后不一，并且在信仰（要么是他们儿时信仰，要么是其他信仰）和精神世界中发现了美和超然。在后来的研究中，福勒比较他在20世纪70年代和80年代的发现是否与现代发展相一致（例如美国民众的宗教参与度下降），他的结论是，二者确实是一致的。[3]

然而，对这种转变，奋斗前行者的准备往往极不充分，很多人很少甚至根本没有在自己的生命上花心思、花时间。在职业上行期，他们以事业为重，所谓的信仰和精神生活只不过是聊胜于无，但一旦步入职业下行期，他们就备受煎熬。

然而，对那些在这个阶段拥抱信仰的人来说，是一种幸福的顿悟。相关研究表明，作为一个成年人，拥有信仰的好处是他们的身体更健康、对生活更满意。[4]

有时候，研究人员对探究个中原委不太走心，他们指出这是因为人们的生活方式更健康，而且参加宗教服务也增加了社交互动。在这个领域工作多年之后，我相信这些都有道理，但是，与这些间接好处相比，用幸福感提升来解释则简单明了得多。当投入大量的时间和精力沉思先验之物时，你的小世界就会进入一个恰到好处的环境，让你将注意力从自己身上转移。在生命中的大部分时间，我一直想的是我，我，我。就像一整天都在看同一个乏味的电视节目，一遍又一遍。它太无趣了。信仰推着我进入宇宙，去思考真理的来源、生命的起源以及他人的利益。沉思生活令我们精神焕发，自由松弛。

人们常常问我，这种更高层次的沉思生活是宗教性的，还是精神性的。比如说，沉思生活可以思考哲学吗？对此，答案是肯定的。一个很好的例子就是如今年轻人对古希腊思想——特别是伊壁鸠鲁哲学和斯多葛哲学——越来越感兴趣。在过去的几年里，许多人对伊壁鸠鲁、爱比克泰德、塞涅卡和马可·奥勒留的作品产生了浓厚的兴趣。他们对这些人感兴趣不是出于智识上的考虑，而是因为他们从中找到了生命的意义，也给他们带来了幸福。

如果你正处于生命的过渡期，发现自己开始对精神成长感兴趣，这是通往正确的道路——即使你在过去并不重视这些。此中有真意，不要抗拒它。

我的信仰和精神导师

宗教和精神生活是敏感话题，它们具有私人性，而且有时还会引起争议。意见分歧引发争议，是友谊的终结者，因此，许多社交俱乐部都禁止讨论政治和宗教。宗教讨论充满陷阱，经常让人觉得对方是要“想方设法地卖给自己一辆别克车”。也就是说，他想改变你的宗教信仰，而不是提出问题并给出一个公平、公开的解决方案。因此，我曾考虑过删除本章。

没有真正的办法可以完全解决这些问题，但是，在关于信仰的对话中，对话者可以坦诚表达自己的想法，这种沟通方式还是有助于解决问题的。至少当你知晓某人想法的来龙去脉时，你才可以更好地评判他的观点。这样一来，你就不难看穿他接下来的企图了。

基于这一认识，我来谈谈自己的信仰之旅。我是一名在新教家庭长大的罗马天主教教徒，十几岁时就加入了教会。尽管信仰上帝的方式不一样，但基督教信仰对我和我的父母都同样重要。

推动我转向精神生活的灵感来自各个领域，从对其他宗教的研究，到对数学的热爱，再到 J. S. 巴赫的音乐。在前几章里，我曾经简要介绍了巴赫从流体智力曲线跳到晶体智力曲线的必要条件。

我也从巴赫的信仰中获得灵感。职业适应能力并不是巴赫最了不起的个人经验，他最了不起的一面是他与上帝的关系。他家里的《圣经》都被他翻得卷角了，书的空白处写满了他对上帝的感谢和赞美。他在每一支曲子结尾都写上“荣耀归于上帝”。他深信自己所写的每一个音符都出自神圣、圣洁的灵感。他说：“我只是既有音符的演奏者，是上帝创作了音乐。”当人们问他为什么要创作音乐时，他的回答简单而深刻：“所有音乐的目标和终极目的都应该是彰显上帝的荣耀和灵魂的苏醒。”[5]

我也想像巴赫那样去看待工作，希望能够将工作神圣化为荣耀上帝和服务他人。实际上，这是我从音乐转向社会科学的原因之一，尽管这听上去可能很荒谬。

我妻子埃斯特的信仰之路却很不一样。她在极端世俗的巴塞罗那长大。（如果你认为，西班牙是一个宗教气氛很浓的地方，你就过时了——实际上，今天的西班牙是一个后基督教国家，和丹麦类似。）这一生她只参加过几次弥撒。她不信教，事实上，她对各种宗教都怀有敌意，尤其是天主教。婚后，我去教堂，但她不去。孩子出生后，星期天早上我带着孩子们上教堂，她睡懒觉。凡此种种，持续了很长时间，我也很难过。

总有一天她可能会找到自己的信仰——我绝望到几乎放弃了这一念头。突然有一天，她对天主教产生了兴趣，直到今天，我都仍然对她的转变百思不得其解。在接下来的十年里，她致力于行动、研究和学习宗教，她的信仰与日俱增。宗教成为她生活的中心，她成了一名比我还虔诚的信徒。

几年前，当我接手这个项目的时候，我觉得有一种力量推动着自己继续在信仰之路上攀登——我更加严肃地对待自己的信仰。这是 2018 年我在印度南部农村驻足的动机。阿查里亚关于四行期的讲解大大地扩展了我的观念，连接了我的精神旅程与晶体智力曲线，并让我放下那些身外之物，轻松上阵。

我告诉阿查里亚我和妻子埃斯特的故事——30 年前在欧洲的一场室内音乐巡回演出中，我们如何相识，尽管彼此语言不通，我是如何确信自己在遇见她几个小时后就坠入爱河。为了说服她嫁给我，我辞掉了纽约的工作，搬到巴塞罗那。阿查里亚询问了她的信仰。我跟他实话实说，埃斯特很晚才信教，但现在是她引着我在正道上行走。她教我读经，帮助我祈祷。她每天都带我去做弥撒。阿查里亚听完默默想了一会儿，实事求是地说："她是你的导师。"

在神圣的印度教经典《薄伽梵歌》中，克利希那神教导说："一个人想要进入第三阶段的生命周期即林栖期，就应该离开妻子和已经长大成人的儿子，内心澄明平静，归隐山林。"但他接着说道："或者带他们一起去。"[6]

我接受第二种选择。

克服前行路上的障碍

如果灵魂躁动不安的人找不到出路，他还会遇到其他令他走回头路的障碍，尤其是当他要为自己开辟全新道路的时候。

1. “没有信仰”的自我

《圣经》记载尼哥底母夜访耶稣，是因为他不想让旁人看见他和耶稣会面。作为一个有权有势、事业有成的人，他也害怕别人看到自己，并质疑自己既有的信仰，改信新的信仰。

我经常遇到一些中年人，他们第一次——要么是有生以来第一次，要么是自年轻时起第一次——对宗教产生浓厚的兴趣。但是，面对这些猝不及防的冲动，和尼哥底母一样，他们觉得困惑，甚至不安，尤其是一直以来他们要么从来没把信仰当回事儿，要么早早就放弃了信仰，用非宗教甚至反宗教来重新自我界定。在他们看来，放弃无神论的立场会让旁人觉得他们软弱可欺、靠不住。

此外，它还打破了个人自我认知的平衡，这也会让人感觉不舒服。心理学家卡尔·罗杰斯有一个著名的观点：对

"我是谁"这个问题，人们总想要个答案。[7]随着个人成长和年岁日增，人的自我认知也会不断变化。罗杰斯认为，平衡能力好的人能够根据自身经历去不断地调整自我认知。相反，神经过敏者则不愿意接纳自己或自己的经历，最后导致自我认知混乱。

背离自我认知的人没有安全感，因此，人们会抵制任何背离自我认知的行为。这就是青春期常常麻烦不断的原因。青少年真的不知道"我是谁"，这种认知混乱让他们有点疯狂。这也是为什么当他们上大学后第一次回家时，父母会发现他们变化惊人。

青春期并不是自我认知特别不稳定的唯一一段时期。另一种典型的自我认知危机是，成年人开始莫名其妙地质疑那个宣称没有信仰的自我，五分之一的美国成年人宣称自己没有信仰。[8]没有信仰似乎不会妨碍一个人有信仰，它仅仅是一个需要填补的空白，是这样吗？非也。实际上，没有信仰是一种承诺，就像犹太人或佛教徒一样，它意味着强大的身份认同。

因此，去改变没有信仰的身份认同，这一举动不仅令人困惑，也会伤人自尊。自尊心强的人很看重自己的形象、信仰以及地位。对他们来说，放弃没有信仰的坚定立场很丢脸，它等于向世人宣告自己的软弱。我认识一些人，多年来他们一直宣称信仰宗教和关注精神生活很愚蠢，最后却偷偷摸摸溜去教堂，好像在经历一段不伦之恋。他们都是夜色中的尼哥底母。

但是，即使目前的你没有信仰，也不会妨碍你对宗教和精神生活保持开放的心态。关键是巧妙地将自我认知界定为现在没有信仰，而不是没有信仰，或者也可以界定为没有信仰，但我愿意接受建议。这会将脆弱的元素注入你对自己的理解中，它会产生强有力的效果。虽然你现在可能没有信仰，但通往信仰的门已经打开了。信仰可能会徐徐而来。

2. 教堂里的圣诞老人

有一次我们开车经过一家本地教堂，那时孩子们还小，四岁的大儿子问我们，教堂里是不是有圣诞老人。我和妻子都觉得这个问题很可笑，但它说明了信仰形成过程中的一个典型问题：在人们第一印象里，信仰和精神往往是孩子气的。长大成人后，这种印象还会干扰人们的判断。人们常常认为宗教是神话和幼稚废话的混合体，因此，精神健全的成年人应该与这些不切实际的幻想一刀两断。

许多宗教反对者都利用这些回忆来攻击宗教。例如，就在 2010 年圣诞节前，我在林肯隧道（每天有成千上万的通勤者经由这条隧道从新泽西到纽约）的入口处看到了一个广告牌，上面有去往伯利恒的三位博士[1]的剪影。下面的说明文字是：你们知道这是一个神话。在这个时代，让我们为理性喝彩！

我承认，当我看到这个广告牌时，我忍不住放声大笑（尽管我是一个有宗教信仰的人），因为这个反宗教团体的策略实在是太聪明了。但是，它的方法并不是诉诸理性。恰恰相反，它呼吁人们把信仰简化成他们儿时听到的圣经故事，既然这个故事的每个细节都经不起推敲，那么，信仰就去一边好了。这就好比说，如果你的配偶没有帮你实现儿时的童话——公主和王子永远幸福地生活在一起，那么和配偶离婚就是合理的。这太幼稚了。

对成年人来说，当渴望过沉思生活的冲动出现时，最好不要将其与儿时的幼稚想法对照，其实在生活中的任何其他领域，我们都不会这么干。相反，我们应该关注那些比自己更伟大的人物。每一种宗教、精神和哲学传统都拥有一个由作家和思想家组成的图书馆，这个图书馆的智慧超越了我们一生所能理解的范围。例如，托马斯·阿奎那是一个无与伦比的天才，据说他能同时写25本书，每一本书都博学无边。

① 《圣经》所记载的圣诞故事。耶稣出生时，东方有三位博士看到伯利恒上空有一颗大星，于是他们带着礼物，到伯利恒向刚出生的基督表达敬意。——译者注

他最伟大的著作《神学大全》是一部了不起的哲学巨著，几乎预见到了反对者对信仰的每种严重反对。

如果承认自己童年时有关信仰的想法是幼稚的，那么，你就不会带着这些儿时的偏见去看待信仰问题了。这要求你将自己从记忆中卡通版本的信仰中解放出来，并将偏见抛诸脑后，以一种开放的心态去接受学者和有价值的践行者的思考和写作。

3. 投入时间

践行信仰需要时间和精力，这些投入都是免不了的。因此，践行信仰会与日常生活的需求竞争，争夺你的时间。你不可能在几个小时内真正思考明白宇宙的奥秘，几个小时只够看场电影。如果你参加礼拜仪式，那么，每周你就有几个小时去践行信仰。如果你想从读书、祈祷或冥想中有所收获，那么，就每天读书、祈祷或冥想。投入时间，这是看得见的筹码。信仰或精神的高级践行者在这方面花的时间就像健身爱好者在健身房花的时间一样多，如果想获得进步，就必须这么做。而且为了慰藉心灵，他们也确实想这么做。

或者说，至少是在践行信仰的初始阶段，需要人们投入大量的时间。因此，许多渴望信仰的人根本就没有时间或精力来关照灵魂。在人生的道路上，他们一脚踢开信仰，最后就像我的一位年长已逝的朋友那样坦陈，“我这一生唯一真正的遗憾是没有找到信仰”。

问题的解决之道是，不能将关照灵魂看作是可有可无之事，要将它当作生命中的紧要之事。如果我告诉你，你的健康状况不太好，需要每天锻炼半小时、吃药，我相信你会照单全收。不是每个人都会这么做，但我知道，你会，因为读这本书读到这里的人，在自我成长方面，没有一个是懒人。对你来说，关照灵魂很重要。建议你腾出时间来冥想、祈祷、阅读。日复一日，年复一年。

走向卓越

对很多人来说，他们需要一个契机，借此，他们可以打破常规，启动关照自我灵魂的新生活。对此，我有一个简单的建议：徒步。

和阿查里亚在一起时，我的精神感知力增强了，我注意到了从前多次印度之行中没有注意到的事情：很多人在路上边走边祈祷。在一些地方，如圣城马图拉（这座城市被认为是黑天神的出生地，如今这里有5000座寺庙），到处都是祈祷的行者。我问一位印度朋友这是什么传统。他告诉我：“他们都是朝圣者。”在印度教传统中，朝圣被认为是普通人精神觉醒的核心，这些朝圣的流浪者通常是身无分文的乞丐，他们深受人们崇敬。

几乎所有的主流宗教都有朝圣的传统，综合各种定义，朝圣，是指一个人在感情或者信仰的推动下，“一步一步地从家乡走向圣地”，这是一种虔诚的献身行为。[9] 从穆斯林前往麦加朝圣，到佛教徒长途跋涉到菩提伽耶（他们在那里找到一棵菩提树，据说佛陀就是在这棵树下悟道的）。对天主教徒来说，它就是著名的圣地亚哥之路，即横贯西班牙北部的“圣雅各之路”。

与阿查里亚会面之后，我在西班牙卡米诺的部分地区徒步了两个星期，每次都选择不同的路线，越过乡村，穿过罗马公路，终点是著名的圣地亚哥德孔波斯特拉主教座堂，据说，圣雅各的遗骸就埋葬在此地。自 9 世纪建立以来，德孔波斯特拉主教座堂吸引了数百万人前来朝圣。进入 20 世纪后，世人遗忘了它，直到 2010 年，马丁·辛主演的电影《朝圣之路》让它再度风靡世界。从那时起，圣地亚哥之路上的朝圣者数量激增，从 2009 年的 145 877 人增加到 2019 年的 347 578 人。[10]

为什么人们要徒步？一方面，徒步是一项极好的运动，事实上，徒步是有助于健康和幸福的最好运动之一。另一方面，一些人盼望徒步路上的历险——西班牙政府也是不遗余力地进行这种市场推广。但我很难理解这一点，徒步当然不是冒险，除非人们认为所谓的寻求刺激是指一天进行几个小时的单调重复的活动。除了偶尔会遇上村里的狗之外，这一路上没有什么危险，除了因每天步行 20 公里而导致的肌肉酸痛和脚部水泡之外，这一路上也没有什么大的挑战。

恰恰相反，徒步卡米诺的秘密在于它完全没有刺激感。在行程之初，内心的呐喊折磨着这些朝圣者，他们无法忍受路途中的单调和无聊。一千种有关生命的紧迫思考令他们心浮气躁，无法旁若无人地行走；他们忍不住走进路边提供无线网络的餐厅，上网去看看外面的世界。但到了第三天，当徒步开始使身心协调到一种没有外力强迫的自然节奏时，心浮气躁就开始消退了。徒步变成了一段长长的音乐，仿佛不紧不慢的行板，轻松感油然而生。

在卡米诺徒步是一种延伸版的徒步冥想，许多文化传统中都有这种形式的冥想。“每一次正念呼吸，每一次正念脚步，都在提醒我们，我们生活在这个美丽的星球上，”佛教大师一行禅师解释道，“我们不需要其他任何东西。活着，呼吸，迈出一步，就已经很美妙了。”[11] 在《每小时走三英里的上帝》（*Three Mile an Hour God*）一书中，日本作家小山晃佑综合了东方思想与基督教信仰，“我们行走的速度，也就是上帝之爱行走的速度”。[12]

几天后，在一波接着一波的感知中，朝圣中的超凡效应就出现了。事实上，我的感觉妙不可言。比如说，在“享乐跑步机”上，我几乎没法松弛下来。而在卡米诺，徒步就是徒步，不考虑终点，它很好地解释了为什么人们欲壑难填：如果当下只不过是为了未来而不得不忍受的煎熬，如果认为当下没有意义，那么，人永远都得不到满足，因为未来注定只是一个需要继续奋斗的、新的当下，辉煌的终极状态永远不会到来。我们必须把注意力放在当下的徒步中，这是由一连串“当下”组成的生活。

当沉浸于更伟大、更美好的事物时，当下的每一刻都能给我们带来小小的满足，而这些我们从前都错过了。例如，一天早上，我和妻子发现了一种我俩从未见过的、古怪的花——蓝色西番莲，它原产于南美洲，但现在它正心满意足地生活在加利西亚我的家中。线状的三色花瓣上长着像外星人一样的触角，花瓣完全对称。我们呆呆地盯着它有十分钟之久。在这样一个再也寻常不过的日子里，我们竟然盯着一朵花看了足足十分钟，与蓝色的西番莲所带来的满足感相比，来自“享乐跑步机”的奖赏，实在是相形见绌。

强制一个人暂时与其俗世野心分离，可以让他的生活更有方寸。一位僧侣提醒我，你只是“70 亿人中的一员”。他并不是说我无足轻重，也不是说我与其他人没两样。相反，他鼓励我不要用狭隘的、世俗的眼光去看待我的生活、工作、人际关系和金钱。要做到这一点通常很难，但是一旦行走在卡米诺的道路上，就不难。徒步时，我想象自己是70亿人中的一员，短暂地存在于从过去到未来数百万年的时间轴上。我觉得无关紧要的并不是我的生活，而是那些俗世的琐事——这些琐事常常让我分心，无法关注形而上学的真理。我想，与丰富多彩的生活相比，丢了智能手机或撞坏了汽车等琐事是多么不值一提。

每一步都标记着当下的每一刻，每一天都是一个完美的时间段，可以用来形成一个不同的意念，即专心致志地祈祷或者默想他人的好。今天徒步时，我静思默想的是在海军陆战队服役的儿子，它具有个人性；明天徒步时，我念兹在兹的是那些饱受贫困和战乱之苦的人民，它具有全球性。徒步冥想会让人对每一个意念的对象产生爱与同情，并以相应具体的行动来处理这些问题。

最后，还有感恩。很多人都写过所谓的"感恩之旅"，即在徒步时想着生活中那些积极正面的事，放大自己的感激之情，去回味当时的幸福。记得在新冠病毒肆虐期间，每天晚饭后，我在家附近一边散步，一边回忆那些积极美好的事情。这是我在那段时间里最甜蜜的记忆之一，在不经意间，它为我2021年徒步卡米诺做好了准备。几乎就在我动身启程的那一刻，对家庭、信仰、朋友和工作的感激之情就涌上心头。我还感恩可以喝到清凉的水，可以脱下鞋子，晚上睡觉还有柔软的枕头。

在未来的几年里，我还会继续在卡米诺的道路上行走。徒步帮助我理解了生命中诸多的变化和动荡，并让我在一个丰饶的林栖期驻足。尽管我已经竭尽全力描述徒步，但它确实是一种不可言说的体验，一种非常个人化的体验。苏非派诗人鲁米写道："这是你的路，只有你一个人走。别人可能会和你一起走，但没有人能替你走。"[13] 我想说的就是，自徒步以后，你就不再是以前的你。它会为处在林栖期的你补充能量。借此，你可能会径直走到人生第二条曲线。

跳跃的力量

如果认为自己的身份固定不变，人们就会关上他们通往诸多可能性的大门。对重估自我认知持一种开放的态度，可以让人们摆脱偏见，即认为自我认知是一成不变的。在本书中，我想告诉读者，人的信仰确实会随着年龄的增长而改变。允许改变，允许从关照世俗事务转向关照自己的灵魂，可以帮助我们跳上第二条曲线。

认为转向关照自己的灵魂是示弱，这种想法常常会阻碍人们前行。如果说，奋斗前行者只能讨厌一件事，那就是软弱。然而，正如我在本章中所讲的那样，关照自己的灵魂并不是示弱，它是新力量的来源，跳上人生第二条曲线需要这种力量的支持。

将转向关照自己的灵魂看成是示弱，并不少见。生活中处处都是此种谬见，为了跳上人生第二条曲线，我们需要在下一章解决这个问题。

第八章

化脆弱为力量

谁是人类历史上最成功的企业家？是亨利·福特，还是史蒂夫·乔布斯？

在我看来，这一殊荣无疑属于来自大数的扫罗，即后来的使徒圣保罗。即使你不是基督徒，也请听我讲一讲他的经历：公元1世纪，保罗信奉基督，他将弥赛亚巡回布道者的工作组织成一个连贯的神学体系，在古代世界传播。

目前苹果手机有10亿用户，粉丝并不算少。我们不妨看看，到公元4000年，它还有多少用户。

作为一名企业家，保罗成功的秘诀是什么？下文是他在约公元55年写给哥林多教会的一封信的一部分：

> 有一根刺加在我肉体上，就是撒旦的差役要攻击我，免得我过于自高。为这事，我三次求过主，叫这刺离开我。他对我说："我的恩典够你用的，因为我的能

力是在人的软弱上显得完全。”所以，我更喜欢夸自己的软弱，好叫基督的能力覆庇我。我为基督的缘故，就以软弱、凌辱、急难、逼迫、困苦为可喜乐的；因我什么时候软弱，什么时候就刚强了。[1]

多年来，学者们一直都在猜测保罗所说的“刺”到底是指什么。一些人认为它是指暂时失明，在前往大马士革的路上，保罗被大闪光击倒后曾出现过短暂失明。这种失明还会时不时再现吗？相反，许多中世纪的神学家认为，保罗所受的折磨是一种神秘现象，即如果一个人对耶稣所受的苦难感同身受、刻骨铭心，甚至他的手脚都能感受到耶稣在十字架上所受的痛苦。[2] 还有一种说法是，保罗说的“刺”，是指犹太人和罗马当局对他的各种迫害。最后，也有人认为他可能指的是罪的诱惑。

来自《神经学杂志》论文的分析更现代，神经学家大卫·兰茨伯勒猜测，令保罗痛苦不堪的很可能是颞叶癫痫，它可以解释那些令他欣喜若狂的经历，如他在信中提到“看到了天堂”以及看到异象。[3] 它也可以解释他在去大马士革的路上所看到的那道闪光，以及随后的短暂失明。兰茨伯勒认为，这些症状会发展为伴随终身的癫痫，它确实非常像撒旦加在肉体上的一根刺。

从保罗在信中描述痛苦的方式来看，我们不得不假设，在早期基督教会中，保罗的大部分追随者都非常清楚那根“刺”是什么。他一定公开谈论过很多次，以至于觉得已经没有必要再详述了。真正的问题是，他为什么要跟追随者讲自己的弱点。是为了得到他们的怜悯，还是让他们感到内疚？当然都不是。他的目的很明确，他旨在向自己的追随者表明，他——伟大的保罗，一位有远见的基督使徒——也是有缺陷的、有朽的、软弱的。

更进一步的是，保罗说这是他的力量源泉！保罗既有意志力，又有演讲天赋，这种传统的领导力为一个全新宗教带来了成千上万的跟随者，并为其神学奠定了基础。然而，他竟然声称他真正的力量来自自己所遭受的苦难，以及兰茨伯勒所说的每况愈下的身体。

乍一看，这似乎是一堂来自《爱丽丝镜中奇遇记》的有价值的领导力课，在书中看到，上即下，退步即前进。对我们大多数人来说，给那些需要我们去打动的人讲自己走下坡路的窘况，这事儿听起来既不靠谱也很疯狂。“嘿，大家好，我病了，很痛苦，我的状态越来越不好！想加入我的宗教吗？”这是非常糟糕的营销。一个人大肆宣扬自己每况愈下总归对自己不利，这就是为什么人们总是花费大量的时间和金钱去掩盖岁月的摧残。注射保妥适除皱、植发和戴隐形助听器成为好生意是有原因的。

在生活中，奋斗前行者绝不会到处说自己想不出来好点子，也不会告诉人们自己不再拥有曾经拥有的那些力量。事实上，软弱和失去并不是什么好事，这可能是你一开始选择读这本书的原因。

衰落也是失去，失去总归不好。要么弥补失去，要么隐藏失去，但一定不要谈论失去！对吧？

不对。保罗才是对的。人变得越来越强大的秘密是，懂得失去、衰落等弱点也是上帝给自己和他人的一份恩典。

示弱也可以建立人际关系

多年前，我有一位临床心理学家朋友，他在新英格兰地区的业务蒸蒸日上。45 岁时，他已经登上自己所热爱职业的巅峰。但他患有 1 型糖尿病，随着年龄的增长，视力越来越差——这是糖尿病患者的一种常见并发症。对此，他的第一反应是完全不接受，他坚持像从前那样生活，包括自己开车。当邻居抱怨他开车撞坏了他们的邮箱时，他终于勇敢地面对自己即将失明的现实，从而避免了潜在的悲剧。

他挣扎了好几年，为上帝给了他如此残酷的命运愤愤不平。但某一天，他接到了一个女人的电话，她说自己正在经历精神健康危机，需要治疗，但她不想透露自己的身份。她是一位名人，她希望匿名接受诊疗，即使在心理医生面前也要匿名。因此，她需要找一位盲人心理医生。我的这位朋友帮助了那名女子，并着手建立一家诊所，服务有此类需求的知名人士。

我的朋友所做的就是放下自尊，不再设防，坦承自己的脆弱。唯有如此，他才能以一种新的方式取得成功。布琳·布朗在畅销书《无所畏惧：颠覆你内心的脆弱》中也讲过类似的案例。布朗说，如果我们真的想要得到幸福和成功，就应该学会示弱，将自己与外界隔离开来反而会自我伤害。但人们通常都不这么看，他们认为防御是一种糟糕的品质，它永远于事无益。正确的做法是不设防。

但是，我认为不能就此止步，还要更往前一步。如布朗所言，勇于冒险和接受失败确实很重要。但真正的高手会进一步借力这种躲都躲不掉的失败以及功成名就后的衰落，为自己打造深厚的人际关系。

我是偶然才认识到这一点的。你们知道，我是 30 岁左右通过远程学习取得大学学位的，这并不是读大学的正规途径。成为学者后，我从来没有向人提及这事，毕竟我所有的同事都出身名门正派，上了很好的大学，在他们面前，我羞于谈论自己的教育背景。

10 年后，我离开大学，成为华盛顿特区一家智库的总裁，这是一个众人瞩目的职位，它时常会在政治和政策争议中发挥关键作用，这是我职业生涯中的重要一步。我的声誉关乎整个机构的成败得失，因此，对包括通过非正规途径接受本科教育在内的背景问题，我一直都忐忑不安。在一个人人都毕业于哈佛大学或普林斯顿大学的世界，我害怕有人会拿起我的简历说："嘿，大家看看这个黑客！"

事实证明，我没有必要为此担心。在我任职智库的几年后，微软的比尔·盖茨和其他一些慈善家共同创建一个只需要花费1万美元获得学士学位的项目，即"1万美元拿学士学位"项目。当时整个美国高等教育界都在抨击这个项目，他们觉得它毫无价值。这种精英主义的态度激怒了我，最终，我承认了自己的过去，在《纽约时报》上发表了一篇文章，讲我花1万美元上大学的经历，以及这种教育给了我机会创造美好生活和事业，是如何如何好。

我准备好了接受嘲笑的狂轰滥炸，它们甚至可能会威胁到我的社会地位。然而，所有这些都没有发生。相反，我收到了成百上千的留言和电子邮件，它们来自那些为了给自己创造更好生活而采用非正规途径上学的读者。他们告诉我，像我这种不受传统学校欢迎、出身平平的有为青年，分享自己事业有成的故事，是一种赋能。后来我认识了很多有类似经历的人，并开始写他们的经历。我成了非正规途径接受教育的公开倡导者，也得到了接受这种教育的企业家的拥护。

以下是我从那次经历中学到的东西：正是因为我的弱点，而不是我的优点，我才有机会与那些原本永远不会有交集的人建立关系。他们都是奋斗前行者，也是被传统方式遗忘的局外人，他们是我的同路人！如果不与他们分享艰辛曲折的求学之路，我永远不会与他们中的任何一个人建立联系。

因此，如果你想和某人建立深厚的人际关系，仅凭实力和世俗成功是远远不够的，你还需要坦承自己的弱点。如果我上的是名牌大学，可能会给人留下深刻的印象，但却无法与大多数人建立联系。“精英”的意思是，拥有少数人才拥有的优势，普通人对这种优势只能望洋兴叹。因此，精英文凭并不能让众人与你产生共鸣，它反而成为建立深厚人际关系的障碍。

让我们再说说圣保罗。从今人的角度看，人们很容易将保罗视为历史上最伟大的赢家之一。因此，我们几乎不可能想象保罗会走下坡路。然而，他自己确实觉得自己在走下坡路。在生命的最后时刻，保罗在监狱里写信给几近支离破碎的教会。他觉得被朋友们抛弃了。“因为底马贪爱现今的世界，就离弃我往帖撒罗尼迦去了；革勒士往加拉太去了；提多往挞马太去了。”他写信给门徒提摩太，“铜匠亚历山大多多地害我……我初次申诉，没有人前来帮助，竟都离弃我。”[4] 尽管保罗有信心，但他认为自己的事业一败涂地，注定要被世人遗忘。那时的他，无法想象当今世界至少有 20 亿基督徒。

不管你的宗教信仰是什么，有两条经验教训都值得一听。首先，正如我一再强调的那样，你是谁并不重要，因为随着年龄的增长，你的流体智力将会下降。其次，你永远都无法预知流体智力会对你的事业产生何种影响，就像开盲盒。

但是，还有一个更重要的经验教训。数千年来，保罗在坚持信仰的同时，他的悲天悯人也打动了世人。在本章的开头，我注意到他通过自己的弱点——他肉体中的刺——来与世人沟通交流。但是，正是在生命的最后时刻，他对悲伤和苦难的洞见，使基督教成为一种永恒的、真实的人类体验，一种理解、接纳普通人生活苦难的信仰。

在保罗生活的时代，此举并不正常。在哲学上，保罗的同代人崇拜、追随斯多葛学派，该学派努力通过交流消除情感上的痛苦。[5] 斯多葛学派教导人们，一个明智的人应当足够坚强、自律、禁欲，应当认识到愤怒和悲伤是徒劳无益的，甚至充满破坏性。人应该隐忍地承受痛苦，哀而不伤，悲而不戚，怨而不怒。与此相反，在给哥林多教会的信中，保罗写道：“心里难过痛苦，多多地流泪。”[6] 基本上，保罗是一个反斯多葛主义者。

所以，你也问问自己：你想成为哪种人？一个表面上冷漠但内心痛苦的人？或者像保罗那样，公开承认自己的弱点，但仍然坚持信仰，相信爱的力量，并不遗余力地帮助他人的人？

走在人生下坡路上的你，身心疲惫，但你应该将自己的经历与他人分享。

软弱、痛苦和失去的好处

虽然不设防违反了人的本能，但也有充分的证据证明，不设防的人生更容易取得成功。例如有研究表明，当护士在病人面前流露出对生活的无力感时，会让他们更专心致志地工作，病人也会更勇敢地配合他们的护理工作，结果是取得更好的治疗效果。[7] 当有关组织的领导者善于示弱、更人性化时，他们的幸福感会更强，也会给下属留下深刻的印象。[8] 相反，防守型或者冷漠型的领导者更少博得下属的信任，效率更低，他们的幸福感也不强。[9]

脆弱既可能因琐事而起，也可能与极度痛苦的个人经历有关。例如，2019 年，喜剧演员斯蒂芬 · 科尔伯特接受美国有线电视新闻网安德森 · 库珀的采访时，谈及了他 10 岁时经历的一场空难，这场空难导致他的父亲和两个兄弟丧生，节目播出后，观众对科尔伯特好评如潮。之前科尔伯特曾对库珀说，他学会了“热爱自己最不希望发生的事”。库珀请科尔伯特解释为何有此惊世骇俗之言。科尔伯特回答道，“活着是老天爷的恩典，但只要活着，苦难也会如影相随，我不希望苦难发生。但如果你要感恩生活，你就得感恩全部的生活。至于是感恩顺境，还是感恩苦难，其实你没得选”。[10]

除了向公众坦承自己极度痛苦的个人经历，科尔伯特还说，他也从这场悲剧中汲取了力量。精神病学家维克多·弗兰克尔在其名作《活出生命的意义》中也说过类似的话，这本书详细记录了他被纳粹囚禁在奥斯威辛集中营的日子。[11]“当一个人发现苦难成为命运时，他就只能将苦难当作考验，唯一且特别的考验。他必须承认，即使在苦难中，他也是宇宙中独一无二的存在。没有人能减轻他的苦难或者替他受苦，只有他自己来承受重负。”弗兰克尔认为，在各种各样的苦难中，人们可以找到生命的意义，从而成长。

科尔伯特和弗兰克尔对待苦难和软弱的方式与时人的典型方式不一样，后者认为苦难和软弱原本就不应该出现，当然也不能与人分享。它们具有私人性，令人羞愧，羞于说出口。此外，人们习惯上也认为，意外事故、疾病及个人损失等各种创伤性事件，只会给人带来痛苦以及挥之不去的烦恼，尤其是当他们和别人谈论这些事情的时候。然而，这并不符合常情。正如科尔伯特和弗兰克尔所建议的，关键是在苦难中找到并分享生命的意义。

我见过这种不可思议的转变，我相信你也见到过。经过诊断，医生告诉我的一位好朋友，他已经处于癌症晚期，活不过一年。这位朋友生性易焦虑，他素来重视生活中的细枝末节，从逻辑上讲，这个诊断结果可能会让他更恐惧。恰恰相反，这个诊断结果让他意识到，一直以来，自己错过了真正的生活，在余下不多的日子里，他决定不再错过。因为每天都可能是他生命的最后一天，他发誓要活出真正的自我，专注于自己真正热爱的事情，并与他人分享这个真理。

奇迹发生了，我的朋友挺过了一年又一年，又活了二十年。医生说，癌症就像一直蹲在家门口的狼一样，最终一定会在某个时刻出现。这个判断与事实相去甚远，但我的朋友已经无法按照过去的思维方式生活了。他很高兴，感恩自己 20 年前从沉睡中醒来，像享受生命的最后几个月那样继续生活。2021 年，“狼”终于来了，心爱的家人送他离世，他走得很平静。他用这礼物一般的“二十年时光”祝福了我们所有人。

这与许多来自弗洛伊德心理学的既定智慧背道而驰。弗洛伊德认为，痛苦和损失所带来的创伤总是有害的，摆脱创伤的方法是克服隐藏在创伤背后的不良影响。[12] 当然，在虐待和创伤后应激障碍（PTSD）患者中，尽管确实有人受到伤害，但相关案例并不多。[13] 最新的研究清楚表明，面对伤害，大多数人都表现得坚韧不拔，他们甚至会从失去和负面事件中成长。[14]

在日常活动中，勇敢袒露负面情绪的人往往令旁人印象深刻。进化心理学家保罗·W. 安德鲁斯和 J. 安德森·汤姆森在 2009 年《心理学评论》杂志上发表了一篇很有影响力的文章，他们认为，悲伤这种情绪之所以在进化中没有被淘汰，是因为它有助于认知。[15] 有证据表明，在社交场合，它能让人们更好地评估实际情况，因为悲观的人不太可能自我吹嘘或掩盖负面事实。悲伤甚至还让人们更专注，帮助他们从错误中学习，提高工作效率。[16] 由失败所带来的负面情绪，将帮助人们迈向接下来的成功。

心理学家发现，生命中很多最有意义的经历都相当痛苦。[17] 例如，在 2018 年的一项研究中，西伊利诺伊大学的两名心理学家要求一大批大学生报告他们的积极情绪、消极情绪及其意义，这些情绪与学生们所接受的教育、人际关系有关。[18] 学生们在报告中说，尽管代价很大，负面情绪依然具有重要的意义。对此，研究人员的结论是，“负面影响和害怕失去也是有意义的”。

最后，当真正的危机出现时，负面情绪还会让我们变得更强大。研究表明，压力预防训练，如通过暴露在导致愤怒、恐惧和焦虑的刺激中来学习如何应对这些情绪，有助于建立更有韧性的情绪。[19] 不难想象，在日常生活中，那些努力硬扛痛苦、不甘示弱的人的情绪抗压能力更差——有朝一日，当困难来临时，当不得不面对悲伤或恐惧时，他们就没有法子应对了。

在脆弱中成就伟大

“他准备结束自己的生命，只有德行才能阻止他。”[20] 伟大的作曲家贝多芬的一位密友写道，他的人生旅程就是英雄失路，托足无门。

贝多芬的名字来自祖父，他的祖父生活在 1712 年到 1773 年间，是波恩市最杰出的音乐家。和祖父一样，贝多芬年幼时就崭露出了不起的音乐天赋，作为一名在维也纳工作的年轻音乐家，贝多芬经常被认为是当时刚刚去世的莫扎特的艺术接班人。他师从举世闻名的音乐家海顿、萨列里和阿尔布雷希茨贝格。

我们有理由相信贝多芬是那个时代最伟大的作曲家、钢琴家之一。他雄心勃勃，兢兢业业，不到30岁就已成名。

然而，多年来，他一直被一种奇怪的嗡嗡耳鸣声困扰。“过去3年里，我的听力越来越差了，”1801年，30岁的贝多芬在给医生的信中写道，“在剧院里，我必须离管弦乐队很近，才能理解表演者，最可怕的是，我听不到远处乐器的高音和歌手的歌声。”他希望自己的听力能慢慢好转。但是，随着时间的推移，希望逐渐破灭，他和身边的人都知道，已经没有好转的希望了。贝多芬快要聋了。

还有比这更残酷的命运吗？如果没有视力，没有双腿，钢琴家和作曲家依然可以工作。但如果耳聋呢？似乎没可能。当时，贝多芬的流体智力正处于巅峰状态，可以创造那个时代最有潜力的音乐作品，但他只能眼睁睁地看着自己的表演、作曲能力消失。就像大卫大步走出去与巨人歌利亚战斗，还没回过神歌利亚就被杀死。

所以，贝多芬奋起抗争。在他几近失聪之后的很长一段时间里，他一直坚持弹琴，但情况越来越糟。他使劲地敲击琴键，把钢琴都敲坏了。他的朋友和同事卢德威格·S. 波赫写道：“当弹强音段落时，可怜的贝多芬不停地敲击琴键，直到发出刺耳的声音。我为他遭遇如此艰难的命运而悲伤。”[21]

听起来有些耳熟，对不对？你是否见过一个正在走下坡路的人愤怒反抗——心有不甘地面对自己能力衰退的事实？你见过他毁坏钢琴，并让听众遗憾不已吗？

这听起来像是贝多芬的悲惨结局。然而，事实并非如此。随着耳聋加重，最终贝多芬放弃了表演，但他找到了一些巧妙的方法来继续创作。他将铅笔放在嘴里，在弹奏时让铅笔触碰琴板，以此来测量钢琴音符的音高。由于听力不全，他避免使用频率超出自己听力范围的音符。2011 年，荷兰的三位科学家在《英国医学杂志》上发表了一篇分析文章，指出在贝多芬 20 多岁创作的弦乐四重奏中，1568 赫兹以上的高音占了 80%，但到了 40 多岁时却降到了不到 20%。[22]

贝多芬 56 岁离世，在他生命的最后 10 年，他完全失聪了，纯粹靠想象作曲。这是否意味着他作曲生涯的终结？没有。贝多芬这个时期的作品奠定了他独一无二的音乐风格，永远改变了古典音乐，使他成为有史以来最伟大的作曲家之一。

完全失聪的贝多芬写出了他最好的弦乐四重奏（在这些作曲中，高音比前 10 年的作品多得多），如《庄严弥撒》以及最伟大的《第九交响曲》。《第九交响曲》在维也纳首演时，他坚持自己指挥，他身后站着另一位指挥，管弦乐队实际上是在跟着这位指挥演奏。演出结束后，贝多芬听不到身后观众的掌声，现场的一位音乐家提醒他转过身，去看看那些为也许是有史以来最伟大的管弦乐作品而欢呼的观众。他们知道贝多芬失聪了，为了让他看到他们的热情，他们把帽子和围巾扔向空中。

这似乎很反直觉，至少可以说，作为一名作曲家，失聪后的贝多芬反而更有独创性，才华横溢，与失聪前创作的音乐以及其他同行的音乐形成了鲜明的对比。也许这并不出奇。随着听力恶化，他很少受到当时流行曲风的影响，对他影响更多的是自己头脑中想象出来的音乐。贝多芬早期的作品总让人想起他的导师海顿。耳聋后，他的作品极具独创性，人们称他为古典主义时期的音乐之父，他的作品集古典之大成，开浪漫之先河。他的崇拜者，法国浪漫主义大师柏辽兹说："他打开了音乐的新世界……贝多芬不是人类。"[23]

如果认为贝多芬会感激失聪所赋予他的艺术自由，那就太天真了。可以想象，由于失聪，他不能从事心爱的钢琴演奏事业，这令他抱憾终生。贝多芬并不知道，在自己死后的几百年里，他作为真正伟大音乐家的地位，在很大程度上是由他所创作的激进新曲风奠定的。不过，也许他知道，并通过他的音乐给了我们线索。《第九交响曲》以合唱席勒诗歌《欢乐颂》作为终曲，宣告胜利：

> 欢乐女神，圣洁美丽……

我们心中，充满热情，

来到你的圣殿里。

你终于放松下来了

将软弱完全看成是负面的，这不对。软弱会以各种方式出现在我们身上。软弱肯定会令人不适，也一定会导致损失。但它也为我们提供了机会：与他人建立亲密关系，在苦难中看到神圣，甚至找到成长与成功的新天地。不要回避苦难，也不要抗拒苦难。

对奋斗前行者来说，示弱还有一个好处，也许这是最重要的一个好处：你终于放松下来了。当一个人诚实而谦逊地面对自己的弱点时，他就不会可劲儿折腾自己了。当一个人用自己的弱点与他人建立联系时，他是有爱的。最后，他自己也变得轻松自洽，一点儿也不担心自己的弱点比人们想象的多。向世人坦然示弱且不在乎他们的看法，是一种了不起的能力。

不过，对一些读者来说，采纳我的建议可能有些难。我知道，这一辈子你都不甘示弱，都在展示力量，做着与示弱相反的事。对你来说，示弱很难，因为它从根本上颠覆了你那个特殊的、物化的自我。你信奉的是，打完最后一颗子弹，站着牺牲，绝不会不战而败！

如果你不想示弱，那就先以退为进，第一步是不再假装自己不软弱。想象一下，真实、不设防、无所畏惧的你将会如何打动他人；想象一下，和你共事、生活的人信任你，你们轻松相处；想象一下，人们可以和你这样了不起的人轻松相处，而你也不再羞愧地说出“曾经的我比现在的我成功”。想象一下，因为你，你身边的人变得更幸福、更勇敢了……你不再耻于谈论苦难，也不再关心成败得失，身心自由自在地沉浸在真正的自我中。在谦卑中放松自我，做真正的自己，然后，跳上人生第二条曲线。

但是，你还是得有准备而跳。正如人们一直提醒我的那样，这意味着一定要离开已知的、舒适的生活，朝着新的方向前进。这是人生的一次重大转型，众所周知，转型很难。因此，我们在下一章分析此问题。

第九章
中年转型没那么难

儿时的我迷上了钓鱼。家里没人会钓鱼，是我自己学会的。我用送报纸挣来的钱买了钓竿、卷轴、渔具和有关钓鱼的书。在西雅图长大的我常去皮吉特湾钓鱼，到了夏天，我会去到俄勒冈州的林肯城，在崎岖海岸边的岩石上钓鱼。

在海边钓鱼很有趣，与在湖边钓鱼的体验完全不同，如果只抛出钓竿，你就别指望鱼能上钩。第一次海钓时，我约莫 11 岁，那时的我就发现了其中的技巧。我在海边岩石上一站就是好几个小时，往水里扔鱼饵，但鱼并没有上钩。过了一会儿，来了一位干瘦干瘦的老渔夫，他问我收获怎么样。

我说："不怎么样，没有鱼上钩。"

他说："你的方法不对，你必须等待潮落，那时潮水退得很快。"他的话听起来似乎有点反直觉，因为按照通常的理解，潮落时，鱼会跟着海水离开。然而，事实正好相反，潮落时，浮游生物和诱饵都被海水搅起来了，鱼会变得很疯狂，一看见食物就咬。[1]

我们一起边看边等，大约 45 分钟后，潮水开始迅速退去。这时，老渔夫说："我们去钓鱼吧！"我们抛出钓竿，果然，不出几秒钟鱼就上钩了，一条又一条。我们钓了大约半个小时，简直太有趣了！

事后，老渔夫坐在岩石上休息，他点了一支烟，谈起了哲学。"孩子，潮落时你只可能犯一个错误。"他说。

"什么错误？"我问道。

"没有将钓竿抛入水中。"

写作本书时，我多次想起当天的情景。生命有周期，有时潮起，有时潮落，晶体智力会取代流体智力。在生命中的多产、丰收时节，你从一条曲线跳到另一条曲线，你开始正视自己的成功瘾，你舍弃了生活中无关紧要的世俗羁绊，你开始思考死亡，你建立人际关系，你进入林栖期。

不幸的是，生命中的潮落也非常可怕，困难重重——它甚至可能像某种中年危机。从前努力创造的一切好像都离你而去。因此，你很难将它看成一次机遇，而将其视作一场悲剧。

在本书的最后一章中，我们将学习如何充满力量和信心地走入潮落期，开始转型。实际上，你人生中最大的转型不一定是一场危机或一段低潮，而是一次令人兴奋的冒险，其中充满了你从未意识到的机遇。

转型期

中年转型令人痛苦、恐惧，这并不是什么新鲜事儿。在14世纪创作的《神曲》中，但丁曾经精彩地描述这种很多人都经历过的恐惧：

> 人生之旅行至中途，
> 我发现自己步入一片幽暗森林，
> 因为正确的道路早已晦涩难明。[2]

心理学家用“转型期”这一专有名词来形容令人不快的人生转型。[3] 它是指一个阶段的事业、组织、职业道路和人际关系向另一个阶段过渡。

2020年，作家布鲁斯·费勒写了一本畅销书《转型中的人生：我的转型，我做主》（*Life Is in the Transitions: Mastering Change at Any Age*）[4]，专讲转型期。他告诉我，他对转型期的兴趣始于自己在癌症治疗中所接受的衰弱疗法，当时他才40多岁，随时可能会面临死亡，而家里还有嗷嗷待哺的孩子。[5] 事后他称这段时间为“人生巨变”，生病几乎改变了他对所有事情的看法，当然，最终他也对生活和工作有了更深的感悟，并学会了感恩。在书中，他采访了数百位经历转型的人，发现平均每 18 个月他们的人生就会发生一次重大的改变，像他这样经历了人生巨变或者职业转型的，也大有人在，无论这种转型是主动的还是被动的。大部分转型都是被动的，毕竟人天生就不喜欢改变，尽管如此，转型也是可以预期的。

一直以来，传统智慧都在教导我们，变化乃人生常态。斯多葛派哲学家马可·奥勒留说："宇宙是流变，生活是意见。"[6] 佛陀经常谈到万物无常，即梵语中的"虚空"。他教导世人："无常是因缘法，始于生，归于灭。"万物皆流，无物常驻，变化是宇宙的核心特征，然而，变化又令世人焦虑不安，这可真是莫大的讽刺。佛陀教导，要想得到平静，就必须接受生命和存在的无常。

平静地留意、接纳每时每刻发生在自己身旁的变化，很多关于生命无常的冥想几乎都采用了这种基本形式。例如，当你的想法从一个主题转到另一个主题时，留意思想和感知的不断变化，但不对之做出判断。感受自己的呼吸，也许还有脉搏，想象细胞的分裂和死亡、头发和指甲的生长等你感受不到的变化。想想世界上正在发生的、你看不见但你知道正在发生的变化，比如一个人从生到死的一辈子，又比如地球绕着太阳转，月亮绕着地球转。无常就是纯粹的自然状态。

尽管这么说很奇怪，但是就连传播全球、改变生活的新冠病毒大流行这种大规模的集体跃迁也只是寻常之事，大约每过10年它都会来一次。如果你和我是同龄人，那么，你一定还记得苏联解体，这一巨变从根本上改变了地缘政治；10年后，"9·11"恐怖袭击又极大地改变了我们看待世界的方式；过了几年，金融危机和严重经济衰退又改变了全球经济和金融体系；十来年后新冠病毒又来了……在未来10年，几乎可以肯定还会发生一场令人无法接受的灾难性事件——只是我们还不知道它是什么，但毫无疑问，它一定会让我们猝不及防，因为现在我们仍在关注新冠病毒大流行和金融危机。

转型很难熬，个人转型更难。对成年人来说，尤其让他们煎熬的是，他们要跨过两个完全不同的生命阶段之间的过渡阶段，因为他想不明白自己要成为什么样的人。正如一位管理学者所言，"不能成功跨过过渡阶段的员工会经历持续的身份认同危机，他们放不下往日的自己，又无法拥抱新的、改变后的自己，认知和感情都被失落感耗尽"。[7]

一位正在进行职业转型的大学教授这样描述他的转型期：

> 近三年来，我一直生活在我自己讲述的关于存在和不存在的故事中。

> 这些故事总是给我一种不完整的感觉……我要在两地之间架起桥梁，从这一处走向另一处，但我站着不动……站着不动时，我努力寻找立足点，但我一只脚在这一处，另一只脚在另一处，正费尽力气保持平衡。[8]

我敢说很多读者都有过类似的经历，我也有过。我曾身处华盛顿特区的政策斗争旋涡，担任一家智库的总裁 10 年之久，手下管理着一大帮学者。2019 年夏天，我主动辞职，在这个行业，此举非常罕见。我告别了自己熟悉、喜爱的同事和工作，也不再有参与政治和决策所带来的兴奋劲儿。为什么？因为我身体力行，严格遵循我在写作这本书时的研究心得。如果我自己都做不到，怎么能给读者建议呢？

我的转型是自愿的，但这并不意味着转型后我的日子会好过许多。两年来，由于新冠疫情一直未完全消退，我和妻子都常感失落、孤独。有时早上醒来，我还习惯性地想去智库开始新一天的工作，再一想，哦，我已经辞职了，现在我住在马萨诸塞州，而不是马里兰州。奇怪的是，我发现自己的签名似乎也变了，就好像我在试图模仿别人一样。

只要是转型都难，身处转型期的人的日子都不好过。但好消息是，即使是令人难以接受的转型，一旦越过转型期，回过头再看，就和当时身处其中的感觉完全不同。事实上，费勒发现，只要人们安然无恙地渡过了难关，没有遭遇永久性的挫折，最后所有人都会说，他们转型成功了。

更妙的是，研究表明，随着时间的推移，我们倾向于把过去的重要事件——即使我们当时不喜欢——看成是纯粹的积极因素。[9] 在一定程度上，这部分是因为不愉快的感觉比愉快的感觉更容易消退，这种现象被称为“情感衰退偏差”。这听起来像是认知错误，但其实不是。几乎每一次转型，即使是最困难的转型，都会产生一些积极的成果；把时间拉长，我们就会知道它的意义，就会珍视它。例如，我的一个儿子当兵入伍，军队里的训练非常残酷，第一天训练结束后，他告诉我，他再也不会自讨苦吃了。如今，每每谈起自己在美国海军服役的经历，他总是满心欢喜、满足和骄傲。

事实上，正是这些艰难、痛苦的转型才让我们对人生目标有更深刻的理解。关于人们如何获得意义的研究发现，实际上，一段时间里，让人们暂时在不幸福中经历痛苦和挣扎，是很有必要的。[10]2013 年对美国 397 名成年人随机抽样的一项研究显示，“担忧、压力和焦虑与更高的意义及较低的幸福感有关”。

心理学家罗伊·鲍迈斯特在《生命的意义》（*Meanings of Life*）一书中指出，“当你找到生命的意义时，生活似乎更稳定。也许自相矛盾的是，在不稳定的转型过程中所遭受的痛苦可以创造生命的意义，并在随后的转型中强化稳定感”。[11] 这是衰老以及看到很多改变后的最大安慰之一。

更重要的是，痛苦可以激发出强烈的表达能力，就像潮落时鱼会到处咬食物。大量的学术文献研究表明，天才的创造力和精神痛苦密切相关，弗洛伊德称之为“创造性艺术家问题”。[12] 但你不必像西尔维娅·普拉斯或凡·高那样，燃烧全部生命来展示自己的天才，你只需要像我一样，短暂地体验一下痛苦就够了。在探索、表达新想法方面，我所得到的舒适感似乎与稳定感成反比。本书也是我转型的成果之一。

爱默生说：“人活着，目的不是安逸，而是抗争。”[13] “人的力量在行动中。人之伟大不因其有何种目标，而在于改变。”我相信这一真理，但它也很容易被忘却。很多个清晨醒来，我首先想到的就是昔日在华盛顿的工作和友谊。然后，我揉揉睡眼，起床，迎接新一天的潮落。

中年转型一定是一场“危机”吗？

人们常常将中年时期的重大改变看成是一场危机。的确，在人们心目中，“中年危机”有着近乎神话般的地位，尤其是20世纪70年代作家盖尔·希伊出版了销量高达500万册的超级畅销书《通道：成人生活中可预见的危机》后，这一观念俘获了整整一代人。在对115名男性和女性进行深度访谈后，希伊指出，40 岁左右，人们就自然而然地步入中年危机，他们开始质疑自己人生计划和目标的正确性。希伊并不知道流体智力这一概念，但她发现，当流体智力开始衰退，人就会陷入焦虑。然而，她认为人们焦虑的原因是惧怕衰老。（如果 40 岁对你来说不算老，但请记住，在 20 世纪 70 年代，人们的平均预期寿命约为 70 岁，那时候的人生孩子早，到 40 岁时，孩子就自立门户了。）

希伊最著名的案例研究对象是通用汽车的天才高管约翰·德罗宁。1969 年，在拜访已退休的通用汽车前总裁之后，德罗宁忽然对人生有了完全不同的认识。[14] 他发现，眼前的这位老人，昔日的工业之王，退休后过得并不舒心，他既悲伤又孤独，魂不守舍，只剩下一个空空的躯壳；他的生活似乎毫无目标，无关紧要。他唯一想做的就是追忆从前管理公司时的美好时光。在这位老人身上，德罗宁仿佛看见了自己的未来，他大为震撼。事后他问自己："你活得像一台机器，这是何苦呢？转瞬间，你就会变得陈旧、疲惫，他们就会抛弃你。这样的人生有意义吗？"[15] 于是，德罗宁和结婚 15 年的结发妻子离婚，娶了一个 20 岁的女人，3 年后他又和她离婚，娶了一个更年轻的女人。与此同时，他减肥成功，瘦了 40 磅，染发，做了面部整形手术，开始写一本关于核战的小说，并到处公开谈论"非宗教变形"（nonreligious metamorphosis）。

尽管如此，希伊笔下的德罗宁依然是一名成功人士。但是，在接下来的 10 年里，故事以悲剧收场。德罗宁创立了以自己名字命名的汽车公司——德罗宁汽车公司，今天人们之所以记住了这个品牌，是因为它曾出现在一部很火的电影《回到未来》中。德罗宁公司生产的汽车质量不行，速度很慢，很快德罗宁就沦落到破产的边缘。为了阻止自己的商业帝国崩溃，他要筹集大量资金，于是他去做毒品生意。1982年，57 岁的德罗宁因试图向一名联邦调查员出售 59 磅可卡因而被捕。他身败名裂，颜面尽失，成了全国的笑柄。（“问：你怎么知道德罗宁汽车在你住的那条街上出现过？答：白线不见了。”哈哈。①）事后，年轻的妻子和他离婚。看到这里，你还觉得你正在经历一地鸡毛的中年转型吗？

所有这些故事都助长了所谓的“中年危机”传统观念，这种传统观念认为中年转型没有好下场，甚至可能是必然的生理现象。正如《纽约时报》在 1971 年所报道的那样，一个处于中年危机中的男人“甚至不知道他的身体内部发生了什么，不知道一种会影响他情绪的生理变化已经出现”。[16] 希伊指出，和男性一样，女性也会经历中年危机。当她到中年

① 这里暗讽德罗宁贩卖毒品。——译者注

时，她是这么写的："有个不速之客闯进了我的内心，叫嚷着：好好盘点一下自己的人生吧！你的人生已经过半了。"希伊指出，这种状态与更年期的早期症状很像，这让一些人认为中年危机是一种生理现象，即使是男性也会如此。

后来的研究表明，虽然转型是真实的、不可避免的，但它并不是危机。在20世纪60年代早期，精神病学家埃利奥特·杰奎斯创造了"中年危机"这个词。[17] 讽刺的是，他本人并不喜欢这一理论。杰奎斯的遗孀在采访中指出，中年危机是"他早期所进行的一项微不足道的研究"，是他"二三十年后不想谈论的研究"。[18] 显然，他逐渐不再相信危机是普遍存在的现象，后来的研究也证明他的怀疑不无道理。1995年，威斯康星大学的学者发表了《美国人的中年：一项关于健康和幸福的国家纵向研究》。该项目负责人之一、心理学家玛吉·拉赫曼说"大多数人不会经历危机"。也就是说，即使是经历了换工作或者转行，大多数人都不会产生严重的负面情绪。

最重要的是，没有人会因为人到中年的一时脑子发热而变成约翰·德罗宁。然而，我们也知道，人在成年中期确实会经历一场自然而然的转变。当感觉到自己的流体智力下降时，我们确实想要改变。如果我们知道它的背后还有一条晶体智力曲线，如果我们正在重启中，我们就会进入转型期。

进入转型期可能会让你感到不安、恐惧，但并不意味着你会崩溃。你生活中的重大变化并不意味着你会抛弃配偶或者买一辆红色跑车。相反，职业上的改弦易辙会让你与家人、朋友之间的关系更亲密，还能鼓舞人心。

历史上有很多著名的例子。公元前458年，罗马被围攻，辛辛纳图斯是当时罗马的执政官。他带领罗马赢得了胜利，在他的掌舵下，罗马政局归于稳定，随后他突然辞职。退休后的辛辛纳图斯解甲归田，回到自己的小农场，和家人一起低调地工作、生活。如果胜利后辛辛纳图斯仍然担任罗马执政官，那么，他可能只是一个历史注脚——以执政官的身份统治罗马若干年，逐渐变得无能、不受人民拥戴，最终可能被暗杀。如果是这样，后人当然不会用他的名字来命名美国俄亥俄州的一座城市。因为不惧怕放弃权力，世人才将伟大的辛辛纳图斯铭记在心。

几位普通人的经历也给了我启发。我已故的父亲曾告诉我他童年时期的一个小秘密。1893年，祖父出生于丹佛，是当地卫理公会的一名牧师，祖父也在新墨西哥州纳瓦霍印第安人保留地——父亲也生于此地——一所学校担任校长。祖父深受同事喜爱，事业蒸蒸日上。看上去，一切都风调雨顺。但是在1942年的一天，49岁的祖父突然宣布要搬家。随后家人们将行李装车，前往芝加哥。

祖父离开家乡，不是因为失业，也不是因为在别处有了新的工作机会。想改变现状的强烈欲望推着他打破了已有的平静工作和生活。在当时的美国，此举极为罕见，在那个时代，人们并不普遍认为工作是个人自我实现的方式，工作的意义就是养家糊口，因此，人们不会贸然辞职。尤其当时美国深陷第二次世界大战中，经济面临着巨大的压力，这种选择很不寻常。

全家抵达芝加哥郊区后，祖父来到他的母校惠顿学院求职。在惠顿学院，他做了各种各样的行政工作，成绩斐然，在接下来的10年里，除了教授神学之外，他还担任教务长。他被学院授予荣誉博士学位，至今仍被老校友怀念。

这是一次重大的人生重启，但算不上中年危机。我的祖父为人极为可靠，他从来没有想过抛弃祖母，他素来信念坚定，绝不动摇，他也从没有头脑发热跑去买辆跑车。基本上，他就是德罗宁的反面。他只是去寻找一种新的冒险，在这种冒险中，他可以实现个人事业的成功，也可以为他人服务。并非偶然的是，新的职业还大大提升了他的晶体智力。

我父亲从未忘记他父亲的职业转型经历，祖父是他的榜样。40岁左右时，父亲开始琢磨事业转型。硕士毕业后，父亲在自己心爱的母校谋得了一份理想的工作——教数学。随着时间的流逝，父亲发现自己的知识过时了。那些拥有博士学位的年轻老师升职加薪，他觉得自己快要被淘汰了。考虑了一年左右，他决定去攻读生物统计学博士学位，对他来说，这是一个全新的领域。经过四年的努力，他发表了学位论文《多重 R 平方的模拟与协变量的未删减生存数据》。(虽然父亲转型成功，希伊笔下的约翰·德罗宁转型失败，但是他的书没有希伊的书卖得好。)

父亲获得博士学位时，我 14 岁。他走得很早，去世时只有 60 多岁——这不是一个圆满的结局。他的职业转型成功一直影响我到今天，我纪念他的方式是以他为荣，为他欢喜。我认为，职业转型并不必然会导致中年危机。个中要诀是，要向我的祖父和父亲而不是约翰·德罗宁学习如何转型。

老有所归

在我祖父和父亲的时代，中年转型基本上都是靠自己，没有人帮助他们度过转型期。然而，在今天有很多资源可以帮到你。比如奇普·康利创办的现代长者学院，就可以很好地帮助人们实现人生转型。

奇普本人的职业和人生转型经历值得拍成一部好莱坞传记片大书特书。27 岁时，他就取得了世俗意义上的成功，他创立了幸福生活酒店集团，这是一家总部位于加州的酒店和餐饮公司，他经营了20多年。尽管拥有世俗意义上的成功，但到了40多岁时，奇普感到筋疲力尽，焦躁不安。他告诉我："我不想干了，我如坐针毡，度日如年，好像在坐牢。"此外，他还遭受了一些个人创伤——五位好友自杀，他本人也有过一次濒死经历。

奇普没有想好下一步计划就卖掉了自己的公司，最后他去初创公司爱彼迎担任顾问，这是一家为用户提供临时住宿的在线服务网站。起初，他认为那些20多岁的公司创始人看中的是他在酒店行业的专业知识，但最后他发现，这并不是自己的真正价值之所在。相反，他发现自己提供的是关于人生和领导力的智慧，而不是知识。他们告诉奇普，"你是我们的现代长者"。起初，他对这个头衔有点儿生气。虽然他至少比他们大20岁，但也不"老"。（在加州，年轻就是一切。）然而，渐渐地，他适应了这个角色，并开始拥抱如下事实：分享自己的人生经验也能够创造重大价值。

事实上，他非常喜欢分享自己的人生经验，他也想为其他人分享人生经验创造机会。他知道，到了这个年纪，有无数的人正处于转型期，他们发现自己的流体智力在下降，但只能模模糊糊地意识到自己的晶体智力在增长。他希望这些现代长者能够发挥余热，于是，2018年，他创立了现代长者学院。

每次，奇普会带着由14~18人组成的小组，在墨西哥下加利福尼亚州海边的小小校园里待上一周。[19] 迄今已有800名来自各行各业的人士参加了学习，他们中有钢铁工人，有医生，还有退休的首席执行官，平均年龄是53岁。他们的共同之处是，以一种有效的、快乐的方式来重启人生，在人生的新阶段，他们用自己的观念和经验来服务他人。要成为一名"现代长者"，有四个步骤：从固定思维转变为成长型思维，对新事物持开放态度，与团队合作，以及为他人提供建议。

为了提供一套有特色的现代长者学习计划，学院要求每位学员在学习结束时都必须回答一些问题。奇普称之为"人生的下一个篇章"，它与我们在前几章学到的经验有许多相似之处。[20]

在你人生的下一个阶段……

你会坚持参加什么活动？

你会发展哪些活动，并采取不同的做法？

你会放弃哪些活动？

你将学习什么新活动？

开始……

在接下来的一周，

你会致力于做什么来塑造全新的你？

你承诺下个月将做些什么？

你承诺六个月内将做些什么？

一年后，你的承诺会结出什么样的果实？

值得一提的是，奇普开门见山地告诉学员，50 岁开始转型并不算晚。不妨这样想想，一个人的成年期大约始于 20 岁。如果身体健康，到 50 岁时，他很可能还没过完成年期的一半。出版这本书时，我已经 57 岁了。保险精算师告诉我，按我的生活方式和健康状况（但不包括我父母的早逝）预测，我有五成机会再活 40 多年，其中大部分时间将被用于工作。这个年龄转型并不晚，要是我也认为现在启动转型太晚，那才是疯了呢。

度过转型期的四条经验

就在即将写完这本书时，我收到了一位素未谋面者的电子邮件，在邮件里，他总结了奋发向上者的诅咒，以及我已经读过的那些资料。

现在我已经年过半百，人生却充满了深深的遗憾。在过去的 30 年里，我一直在追求事业有成。虽然我已经实现了这一目标，但我也为之付出了极高的代价：失去的30年永远补不回来，失去的人际关系和生活也永远无法再去体验。

他告诉我他已经准备好在事业和生活方面做出重大改变。

我所掌握的技能有限，没有能力实现彻底的职业转型。那些与工作无关的能力老早就不灵光了。很多时候，我觉得自己应该马上辞掉那份光鲜亮丽的财务工作，重新开始，专注于更有意义、更不浪费时间的工作和人际关系，比如志愿服务、旅行、与他人相处、听鸟儿啁啾、种植花草……但我觉得这样做像是因极端情形引发的应急反应，实际上，我没有能力驾驭这种生活。

对他来说，一个可靠的建议是，去下加利福尼亚州与奇普·康利待上一周，或者参加世界各地任何一个帮助人们重新调整职业的正规项目。然而，对很多人来说，寻求这种帮助也不现实。因此，在总结最好的研究和最成功的策略基础上，我给大家提供一些具体的经验。

经验一：识别你的棉花糖

“找到你的棉花糖”也许听起来像是20世纪60年代左派青年加入公社时所使用的时髦“代码”语言。你应该知道，这不是我的原创建议，它来自一个经典社会科学实验。[21]

1972年，斯坦福大学社会心理学家沃尔特·米歇尔用一袋棉花糖对学龄前儿童进行了一项心理学实验。他坐在孩子对面，拿出一个棉花糖，问："你想要吗？"显然，孩子们都说想要。他告诉孩子们那是他们的棉花糖——但其实这里有个小圈套。接着他离开房间15分钟。当他离开时，孩子们可以选择吃掉这个棉花糖。当他回来时，没有吃棉花糖的孩子还会得到第二个棉花糖。

米歇尔发现，当他离开房间时，大多数孩子都会迫不及待地吃掉棉花糖。他对这些孩子进行了跟踪调查，发现那些能够延迟满足的孩子在成长过程中获得了更大的成功，他们比那些吃了棉花糖的孩子更健康、更幸福、赚得更多、学业成绩也更好。[22] 在随后的几年里，其他研究人员指出，米歇尔的研究结果远不只与意志力有关，还涉及孩子的家庭背景、社会经济环境和其他因素。[23] 但言下之意依然是，由于他们愿意工作、奉献与吃苦，幸运总会降临到这些愿意等待的人身上。

对你来说，问题不在于你是否能通过米歇尔的棉花糖实验。如果你做不到，你就不会来看这本书了，因为如果做不到，你可能不会取得太大成功，但也不会有什么痛苦。在事业重启的时刻，你的问题是：下一个棉花糖到底是什么？当你开始做出新的牺牲时，你知道自己想要什么吗？

如果你不知道自己想要什么，不要绝望——接下来的三条经验会给你启发。

经验二：你所做的工作总会有回报

人们在职业生涯中犯的最大错误之一就是，把工作几乎当作达到目的的手段。也许你在拼事业的时候也是这么做的。和很多人一样，你已经在流体智力曲线上辛勤工作很久，并且你已经知道这是一个错误，打算收手了。无论目的是金钱、权力，还是声望，把工作工具化都会让人不幸福。

通过等待戈多①来让自己幸福是错误的，这只是这个更普遍真理的一个例证。1841 年，拉尔夫·沃尔多·爱默生在《论自助》一文中写道："在家时，我梦想着，我在那不勒斯，在罗马，陶醉在美的海洋中，忘却忧伤。我收拾好行李，告别朋友，登船航海，最后在那不勒斯醒来，但残酷的事实还在——那个固执己见的、忧伤的自我，没有任何改变。"[24]

你很清楚，如果职业只是一种达到目的的手段，即使得到了回报，你也不会满意，因为你已经在寻找下一个回报了。

---

① 在爱尔兰现代主义剧作家塞缪尔·贝克特的剧作《等待戈多》中，作者以两个流浪汉苦等"戈多"而"戈多"不来的情节，喻示人生是一场无尽无望的等待。——译者注

如果以前你已经犯过这种错误，那就让它过去吧。但是，从现在开始就不要再犯同样的错误了。当然，就像生活中的其他事情一样，转型不会每天都给你带来幸福感和成就感。有时候你依然会意难平。但是，一旦你将成就自身和服务他人作为自己的人生目标，余下的职业生涯本身就是最好的回报。

经验三：尽你所能做最有趣的事

这些年，我参加过很多次毕业典礼，我发现毕业演讲有两种基本类型。第一种是“去寻找你的目标”。第二种是“找一份喜爱的工作，对你来说，生命中每一天的工作都将是享受”。对毕业生来说，以及对我们所有人来说，哪种建议更好？

一群德国和美国学者试图回答这个问题。他们设计了所谓的“工作激情追求问卷”，比较了以享受工作为主要目标的人和以寻找工作意义为主要目标的人的工作满意度。[25] 通过分析 1357 份样本，研究人员发现，享受型员工对工作的热情较低，跳槽的频率也高于寻找意义型员工。

这个例子与两种幸福的古老争论有关，学者们将这两种幸福分别称为享乐幸福和心盛幸福。享乐幸福是指感觉良好，心盛幸福是指过着充满目标的生活。事实上，两者我们都需要。只有享乐幸福，没有心盛幸福，享乐幸福会沦为空虚的享乐；只有心盛幸福，没有享乐幸福，心盛幸福会变得枯燥乏味。在寻找自己职业棉花糖的过程中，我认为我们应该找一份既快乐又有意义的工作。

快乐和意义之间的联结是有趣。许多神经科学家都认为有趣是一种由大脑边缘系统处理的重要积极情绪。[26] 你真正感兴趣的事情应该是既令你快乐又有意义的，唯有如此，你才能保持兴趣。因此，“对我来说，这份工作很有趣吗？”这是一块有用的试金石，可以用它来检验一项新活动是不是你的新棉花糖。

经验四：转型不一定会一步到位

我们生活在一个崇拜成功的文化中，我们中的许多人都是成功成瘾者。20 多岁的科技初创企业创始人积累了大量财富，这些创始人都带有某种神话色彩。不管是真的还是假的，人们常常认为企业家对事业拥有持久的激情，他们愿意为之付出任何个人代价。他们所取得的巨大世俗回报也被描绘成终极棉花糖。

但是，这个模型并没有说明有多少最幸福、最满意的人活了下来，并稳步发展。南加州大学的学者研究了职业模式，并将其分为四大类。[27] 第一种是线性职业，它稳定向上，一步一个台阶，拾级而上。“企业晋升制度”是一个非常线性的概念。这也是亿万富翁企业家发家致富的模式。

但这并不是唯一的职业模式，还有以下三种职业模式。稳定职业，是指坚守一份工作以及在专业技能上不断提升；短期职业，是指从业者为了寻找新的挑战，不断跳槽，甚至转行；最后一类是螺旋形职业，它更像是一系列的迷你型职业，从业者在一种职业上深耕成长，然后再转到另一种新的职业，他们不仅仅追求新鲜感，还以之前的迷你职业技能为基础来找新工作。

那么，哪一种职业模式最好？在早年职业生涯中，你可能拥有一份超级线性的职业，这没关系。但最可能的情况是，当现在的你转到第二条成功曲线时，螺旋形职业模式更适合你。这意味着，你需要多想想现在的你真正想要什么，少想想过去的你想要的是什么。降低对金钱报酬的期望，不必太担心这会让别人觉得你的威望下降，也不必担心你无法以最了不起的方式利用自己过去的经验和技能。换句话说，你可能会从管理对冲基金转型到教授中学历史。这是伟大的转型。

跳吧

几年前，我和家人一起去夏威夷大岛上骑行，其间穿插着旅游观光和各种冒险活动。一天下午，我们和一些家庭划皮艇去到一个名叫“世界尽头”的9米多高的悬崖，一群青少年正在那里玩跳水。我所在小组中的一位成年人说：“有人愿意去吗？”其他人都摇头说不去，我说，我去。我站在火山悬崖顶上往下看，感觉似乎有一两千米那么高。我的头开始眩晕，心想：“这太疯狂了，这太疯狂了，这太疯狂了！”

我迟疑地瞥了一眼站在我身旁的孩子，他显然是跳水老手。他笑着说：“别想了，伙计！尽管跳吧！”于是我跳了下去。过了一会儿，我入水了（是的，很疼），过了几秒我才浮出水面。头露出来的那一刻，我有了重生的感觉。

我辞去智库总裁时的感觉和这个有点像，好像濒临死亡。这是在与一种生活方式告别，是在为一整套人生经验以及自己了如指掌的人际关系画上句号。本书的很多读者完全懂我在说什么。也许你不喜欢自己的工作，尤其是当你在事业黄金期时曾饱受折磨。也许这就像一场关系紧张的婚姻。然而，你放弃它时，感觉就像是死亡或离婚，决定放弃之前，你仿佛站在悬崖边上。你放弃了自己所拥有的、所建立的职业生涯，尽管这份职业能告诉你“我是谁”。这是职业死亡，也是充满不确定的重生。你望向悬崖，无法确定等待你的是纯粹的幸福，还是痛苦——或者，最有可能的是两者兼而有之。

但你知道该怎么做。

结　语

七字法则

本书构思始于一次夜间航班。我让你和我一起偷听了一位老人的牢骚，他拥有世俗的功成名就，却说“活着没意思，还不如死了算了”。能力下降，活着本身就是挫折和意难平的根源；老无所依，无人关注——如果人们原来真的关注过他的话。这是一名成功人士所面临的现实困境。

那次经历令我非常不安，私下里我开始琢磨我会不会也遭遇类似的命运，或者更确切地说，我是不是要做些什么来避免这种命运。我对自己的生活做出了重大调整：辞职、休养生息，开始培养自己的晶体智力，逐渐摆脱来自身外之物的羁绊。我培养友谊和家庭的关系，沉浸于精神生活。我发誓不物化自己，接纳自己的脆弱，因为唯有如此，我才能真正理解我的新工作，并致力于帮助他人。

要做到这些并不容易，甚至可以说，这么做与我作为奋斗者的本性背道而驰。鉴于此，我再次强调如下事实：本性不是命运，有时候，如果我们想要得到幸福，就必须与自己的本性做斗争。

我们对金钱、权力、快乐和声望的世俗欲望来自大脑边缘的古老杏仁体。因此，追求快乐和满足是人的本能。我知道，有些人很难接受世俗欲望只是一种本能这一现实。他们错误地将本能与幸福联系起来："既然是本能的需求，那么只要跟着本能走，我一定会得到幸福。"

但是，这是大自然母亲所设计的残酷骗局。她并不在乎你幸不幸福。如果你将生存和幸福混为一谈，那是你的问题，而不是她的问题。在社会中，被大自然母亲牵着鼻子走的那些人几乎一无是处，他们所宣扬的流俗意见——"跟着感觉走"，可能会毁掉他们的生活。除非你想像无脊椎原生动物那样活着，否则，尽量不要听从这种建议。

如果你想越来越强大，就需要学习一套新的人生技能。为此，我们需要采用一种新的模式，在本书中，我逐章详细阐述了这一模式。但是，篇幅太长，你可能记不住。所以，我将这本书所讲的内容提炼成一个"七字法则"，它是我毕生经验的凝练，也是我信奉的生活原则：

用物；

爱人；

敬畏神。

千万不要误解我的意思。我从来都不劝你憎恨和排斥世俗世界，像隐士那样生活在喜马拉雅山洞里。丰富多彩的物质世界没有什么不好的，享用物质也不可耻，享受此世的一切繁华都没问题。物质上的富足让我们每天有饭吃，让我们的兄弟姐妹远离贫穷。它是创造力和事业有成的回报，并且它还可以令单调黯淡的日常生活变得舒适、有趣。

问题不在于名词“物”，而在于动词“爱”。用物，但无须爱物。如果你只记得住本书的一个教导，那就是：爱是幸福的源泉。大约在公元400年，伟大的圣奥古斯丁将这一教导总结为幸福生活的秘密：“去爱，去做你想做的。”[1] 但是，爱是用来爱人的，不是用来爱物的；把爱放错地方，就像在快速前进的“享乐跑步机”上加速跑，只会招致挫折和徒劳。

更高的爱，是敬畏。作家大卫·福斯特·华莱士曾敏锐地指出：“人生在世，敬畏是常态。我们唯一需要选择的是敬畏什么。”[2] 如果你爱的是物，你就会在追逐金钱、权力、快乐和声望等偶像中物化自己。你会崇拜自己，或者，退一步来说，会崇拜一个脸谱化的自己。

再说一次，俗世向世人保证，这些偶像会带来幸福。但是它在撒谎，偶像不会令人幸福，因此，不要崇拜自己。说起这些偶像，你要记住摩西在《圣经·申命记》中的教诲，

“你们却要这样待他们：拆毁他们的祭坛，打碎他们的柱像，砍下他们的木偶，用火焚烧他们雕刻的偶像。”[3] 本书告诉了你该怎么做，但你必须下定决心去行动。

飞机上的那个人现在怎么样了？

在我写完本书之前，我猜你可能在想，你在飞机上遇到的那个人怎么样了？

他仍然很有名，时不时会在媒体露面，虽然出场时间逐年下降。他很老了。早些时候，当我看到关于他的新闻报道时，会心生怜悯，但现在我明白了，其实我只是担心自己将来也会变成这样。“可怜的家伙”的真正意思是“我完蛋了”。

但是，随着我渐渐掌握了正确的生活模式，深深理解了这本书所谈及的经验，我的恐惧也消失了。我想，我确实应该把他放在这本书的致谢部分。我对他充满了感激之情，感谢他教给我那些道理——尽管他是无心插柳。是他，让我踏上转型之路。为什么这么说呢？首先，我做了一项调查，揭示生活中的众多“赢家”的痛苦之源，我注定也是他们中的一员。其次，因为他的出现，我的生活发生了一系列改变，如果不是因为他，我永远不会做出这些改变。最后，我写出了改变背后的秘密，并且能与你们分享。

我要再次感谢飞机上的那个男人，因为他，我在人生下半场过得既幸福又充实。收起你的好奇吧，至死我都不会透露他的身份。然而，每天我都会想起他。我希望，在死亡到来之前，他能找到平静和喜乐。

我希望你也会。

祝你和你的内心都能越来越强大。

致谢

如果本书有任何错误或者疏漏，责任都在我。然而，本书并不是我一个人努力的成果。我的研究助理里斯·布朗让本书出版成为可能，塞西·加洛格里、坎蒂丝·盖尔、莫莉·格莱泽和利兹·菲尔德也为本书提供了帮助和支持。我身边的这些同事，每天都在努力工作，为读者带来与幸福有关的艺术与科学。

在灵感和想法方面，我要感谢哈佛肯尼迪政府学院以及商学院的同事们，尤其是伦恩·施莱辛格，他毫无怨言地听我谈这项工作近三年了。哈佛大学中这些了不起的机构领导，如道格·埃尔门多夫、尼廷·诺里亚和斯里坎特·达特尔，一直坚定不移地支持我去做这项创造性工作。参加我的“领导力与幸福”课程的MBA学生们也给了我启发，无论是哪个年龄段的学生，他们都愿意提升幸福，分享幸福。

感谢自始至终鼓励并指引我的：波弗里奥出版社的编辑布里亚·桑福德、创新艺人经纪公司的经纪人安东尼·马特罗，以及“红灯”公关公司的珍·菲利普斯·约翰逊及其团队。

本书中的许多观点和部分段落最初发表在2019年、2020年《华盛顿邮报》的个人专栏中，还有一些发表在《大西洋月刊》的《如何建立生活》专栏中。我要感谢《华盛顿邮报》的编辑马克·拉斯韦尔、弗雷德·希亚特，以及《大西洋月刊》的编辑雷切尔·古特曼、杰夫·戈德堡、朱莉·贝克，以及埃娜·阿尔瓦拉多-埃斯特勒。奇普·康利的作品对本书的写作有诸多启发。还有许多人——其中大多数人不愿透露姓名——为这本书贡献了他们的个人故事，对我来说，这是无价的。

感谢丹·达尼洛、塔利·弗里德曼、埃里克·施密特、拉夫·库里、巴雷·塞德，以及我在列格坦的朋友们，还有克里斯托弗·钱德勒、艾伦·麦考密克、菲利帕·斯特劳德、马克·斯托森和菲利普·瓦西里欧，感谢他们的友谊，感谢他们对我工作的支持。

很多精神导师直接或间接地影响了这本书的写作。在过去9年间，他们指导、帮助我更好地观察生活和工作，使我大部分的思考成形。还有与我结婚30年，并一直陪伴我的妻子，埃斯特·蒙特-布鲁克斯。在我的生命中，没有人比她更以身作则，她教会我爱与悲悯。她是我的精神导师，本书献给她。

注释

引言　飞机上，一个男人改变了我的生命

1. Bowman, James. (2013). "Herb Stein's Law." *The New Criterion*, 31(5), 1.

第一章　职业下行，比你想象中来得更快

1. Bowlby, J. (1991). *Charles Darwin: A New Life* (1st American ed.). New York: W. W. Norton, 437.

2. Taylor, P., Morin, R., Parker, K., et al. (2009). "Growing Old in America: Expectations vs. Reality." Pew Research Center's Social and Demographic Trends Project, June 29, 2009. https://www.pewresearch.org/social-trends/2009/06/29/growing-old-in-america-expectations-vs-reality.

3. 超长距离骑行运动员到达巅峰状态时的年龄最大为 39 岁。Allen, Sian V., and Hopkins, Will G. (2015). "Age of Peak Competitive Performance of Elite Athletes: A Systematic Review." *Sports Medicine (Auckland)*, 45(10), 1431-41.

4. Jones, Benjamin F. (2010). "Age and Great Invention." *The Review of Economics and Statistics*, 92(1), 1-14.

5. Ortiz, M. H. (n. d.). "New York Times Bestsellers: Ages of Authors." *It's Harder Not To* (blog). http://martinhillortiz.blogspot.com/2015/05/new-york-times-bestsellers-ages-of.html.

6. Korniotis, George M., and Kumar, Alok. (2011). "Do Older Investors Make Better Investment Decisions?" *The Review of Economics and Statistics*, 93(1), 244-65.

7. Tessler, M., Shrier, I., and Steele, R. (2012). "Association Between Anesthesiologist Age and Litigation." *Anesthesiology*, 116(3), 574-79. 医生在成功使我们活

得更久的同时,他们也使自己与临床实践“活得”更久。《美国医学会杂志》(*Journal of the American Medical Association*)显示,从 1975 年到 2013 年,65 岁及以上的医生增加了 374%。See Dellinger, E., Pellegrini, C., and Gallagher, T. (2017). “The Aging Physician and the Medical Profession: A Review.” *JAMA Surgery*, 152(10), 967–71.

8. Azoulay, Pierre, and Jones, Benjamin F. (2019). “Research: The Average Age of a Successful Startup Founder Is 45.” *Harvard Business Review*, March 14, 2019. https://hbr.org/2018/07/research-the-average-age-of-a-successful-startup-founder-is-45.

9. Warr, P. (1995). “Age and Job Performance.” In J. Snel and R. Cremer (eds.), *Work and Aging: A European Perspective.* London: Taylor & Francis, 309–22.

10. “Civil Service Retirement System (CSRS).” (2017). Federal Aviation Administration website, January 13, 2017. https://www.faa.gov/jobs/employment_information/benefits/csrs.

11. 改编自 Simonton, D. (1997). “Creative Productivity: A Predictive and Explanatory Model of Career Trajectories and Landmarks.” *Psychological Review*, 104(1), 66–89。曲线由方程 $P(t)=61(e^{-0.04t}-e^{-0.05t})$ 拟合。

12. Tribune News Services. (2016). “World's Longest Serving Orchestra Musician, Collapses and Dies During Performance.” *Chicago Tribune*, May 16, 2016. https://www.chicagotribune.com/entertainment/music/ct-jane-little-dead-20160516-story.html.

13. Reynolds, Jeremy. (2018). “Fired or Retired? What Happens to the Aging Orchestral Musician.” *Pittsburgh Post-Gazette*, September 17, 2018. https://www.post-gazette.com/ae/music/2018/09/17/Orchestra-musician-retirement-age-discrimination-lawsuit-urbanski-michigan-symphony-audition-pso/stories/201808290133. 2014 年的《音乐科学》(*Musicae Scientiae*)杂志刊登了一篇为数不多的在学术上关注古典音乐家巅峰状态的研究,对 2536 名年龄在 20~69 岁的专业音乐家进行了调查。研究者发现,音乐家认为他们的巅峰状态出现在 30 多岁,而在 40 多岁时开始走下坡路。这似乎与其他竞争性的、需要高度专注的领域吻合,例如国际象棋,顶级棋手通常在 30 多岁时达到顶峰状态。See Gembris, H., and Heye, A. (2014). “Growing Older in a Symphony Orchestra: The Development of the Age-Related SelfConcept and the Self-Estimated Performance of Professional Musicians in a Lifespan Perspective.” *Musicae Scientiae*, 18(4), 371–91.

14. Myers, David G., and DeWall, C. Nathan. (2009). *Exploring Psychology*. New York: Macmillan Learning, 400-401.

15. Davies, D. Roy, Matthews, Gerald, Stammers, Rob B., and Westerman, Steve J. (2013). *Human Performance: Cognition, Stress and Individual Differences*. Hoboken, NJ: Taylor & Francis, 306.

16. Kramer, A., Larish, J., and Strayer, D. (1995). "Training for Attentional Control in Dual Task Settings: A Comparison of Young and Old Adults." *Journal of Experimental Psychology: Applied*, 1(1), 50-76.

17. Ramscar, M., Hendrix, P., Shaoul, C., et al. (2014). "The Myth of Cognitive Decline: Non-Linear Dynamics of Lifelong Learning." *Topics in Cognitive Science*, 6(1), 5-42.

18. Pais, A., and Goddard, P. (1998). *Paul Dirac: The Man and His Work*. Cambridge and New York: Cambridge University Press.

19. Cave, Stephen. (2011). *Immortality: The Quest to Live Forever and How It Drives Civilization* (1st ed.). New York: Crown.

20. 想象一个简单的模型 $A=\alpha P^{\beta}E^{\gamma}$,其中, A =晚年的痛苦, P =职业生涯最高点的职业声望, E =对职业声望的情感依恋,而 α,β,γ 是参数。如果 E 大于0,就意味着声望将会增加痛苦。另外,如果 β 大于1, A 就在 P 中凸起,也即 $\frac{\partial^2 A}{\partial P^2}>0$,每增加一个声望单位,就会带来更多的痛苦。

21. 参见,例如 Gruszczyńska, Ewa, Kroemeke, Aleksandra, Knoll, Nina, et al. (2019). "Well-Being Trajectories Following Retirement: A Compensatory Role of Self-Enhancement Values in Disadvantaged Women." *Journal of Happiness Studies*, 21(7), 2309。

22. Holahan, Carole K., and Holahan, Charles J. (1999). "Being Labeled as Gifted, Self-Appraisal, and Psychological Well-Being: A Life Span Developmental Perspective." *International Journal of Aging and Human Development*, 48(3), 161-73.

第二章　发展你的第二曲线

1. Keuleers, Emmanuel, Stevens, Michaël, Mandera, Paweł, and Brysbaert, Marc. (2015). "Word Knowledge in the Crowd: Measuring Vocabulary Size and Word Prevalence in a Massive Online Experiment." *Quarterly Journal of Experimental Psychology*, 68(8), 1665-92.

2. Hartshorne, Joshua K., and Germine, Laura T. (2015). "When Does Cognitive Functioning Peak? The Asynchronous Rise and Fall of Different Cognitive Abilities Across the Life Span." *Psychological Science*, 26(4), 433-43; Vaci, N., Cocić, D., Gula, B., and Bilalić, M. (2019). "Large Data and Bayesian Modeling-Aging Curves of NBA Players." *Behavior Research Methods*, 51(4), 1544-64.

3. 卡特尔对优生学很感兴趣,甚至创造了一种基于它的准宗教"超越主义"(Beyondism),这使得他的其他大部分研究都声名扫地。然而,这里介绍的他关于两种智力的研究与此无关,并且经受住了时间的考验。

4. Peng, Peng, Wang, Tengfei, Wang, Cuicui, and Lin, Xin. (2019). "A Meta-Analysis on the Relation Between Fluid Intelligence and Reading/Mathematics: Effects of Tasks, Age, and Social Economics Status." *Psychological Bulletin*, 145(2), 189-236.

5. 有人说雷蒙德·卡特尔实际上并没有创设此理论,真正的功劳属于唐纳德·赫布。根据理查德·布朗的说法,"卡特尔的流体智力和晶体智力理论就是赫布关于智力 A 和智力 B 的理论,卡特尔不过是改了个名字进行推广。卡特尔的理论其实是赫布最先提出的"。实际上,卡特尔和赫布曾经通信,并对这是谁的功劳产生争执。See Brown, Richard E. (2016). "Hebb and Cattell: The Genesis of the Theory of Fluid and Crystallized Intelligence." *Frontiers in Human Neuroscience*, 10 (2016), 606.

6. Horn, J. L. (2008). "Spearman, G, Expertise, and the Nature of Human Cognitive Capability." In P. C. Kyllonen, R. D. Roberts, and L. Stankov (eds.), *Extending Intelligence: Enhancement and New Constructs*. New York: Lawrence Erlbaum Associates, 185-230.

7. Kinney, Daniel P., and Smith, Sharon P. (1992). "Age and Teaching Performance." *The Journal of Higher Education*, 63(3), 282-302.

8. Hicken, Melanie. (2013). "Professors Teach into Their Golden Years." CNN, June 17, 2013. http://money.cnn.com/2013/06/17/retirement/professors-retire/index.html.

9. Harrison, Stephen. (2008). *A Companion to Latin Literature* (1st ed.). Blackwell Companions to the Ancient World series. Williston, VT: Wiley-Blackwell, 31.

10. Cicero, Marcus Tullius. (1913). *De Officiis* (Walter Miller, trans.). William Heinemann: London; Macmillan: New York, 127.

11. Seneca. (1928). Suasoria 6:18 (W. A. Edward, trans.). http://www.attalus.org/translate/suasoria6.html.

12. Psalm 90:12 (NASB).

13. 迄今为止已统计 J. S. 巴赫写了 1128 首作品。"The Bach-Werke-Verzeichnis." (1996). Johann Sebastian Bach Midi Page website, June 16, 1996. http://www.bachcentral.com/BWV/index.html.

14. Elie, P. (2012). *Reinventing Bach* (1st ed.). New York: Farrar, Straus and Giroux, 447.

15. C. P. 伊曼纽尔是巴赫的第五个孩子,在 11 个儿子中排行老三。他在他父亲 28 岁时出生,并以他的教父,作曲家乔治·菲利普·泰勒曼的名字命名。

16. 一些学者质疑,巴赫是否真的是在此时去世。赋格曲是巴赫亲手写的,然而在他生命的尽头,他下降的视力已使写作变得困难。但与往常一样,所有这些质疑不过是学术界的投机取巧。

17. Miles, Russell Hancock. (1962). *Johann Sebastian Bach: An Introduction to His Life and Works*. Englewood Cliffs, NJ: Prentice-Hall, 19.

第三章　摆脱渴望成功的瘾

1. OECD. (2015). *Tackling Harmful Alcohol Use*. Paris: Organisation for Economic Cooperation and Development, 64.

2. Oates, Wayne Edward. (1971). *Confessions of a Workaholic: The Facts About Work Addiction*. New York: World Publishing.

3. Porter, Michael E., and Nohria, Nitin. (2018). "How CEOs Manage Time." *Harvard Business Review*, 96(4), 42-51; "A Brief History of the 8-hour Workday, Which Changed How Americans Work." CNBC, May 5, 2017. https://www.cnbc.com/2017/05/03/how-the-8-hour-workday-changed-how-americans-work.html.

4. Killinger, Barbara. (2006). "The Workaholic Breakdown Syndrome." In *Research Companion to Working Time and Work Addiction*. New Horizons in Management series. Cheltenham, UK: Edward Elgar, 61-88.

5. Robinson, Bryan E. (2001). "Workaholism and Family Functioning: A Profile of Familial Relationships, Psychological Outcomes, and Research Considerations." *Contemporary Family Therapy*, 23(1), 123-35; Robinson, Bryan E., Carroll, Jane J., and Flowers, Claudia. (2001). "Marital Estrangement, Positive Affect, and Locus of Control Among Spouses of Workaholics and Spouses of Nonworkaholics: A National Study." *American Journal of Family Therapy*, 29(5), 397-410.

6. Robinson, Carroll, and Flowers. "Marital Estrangement, Positive Affect, and Locus of Control Among Spouses of Workaholics and Spouses of Nonworkaholics," 397-

410;Farrell, Maureen. (2012). "So You Married a Workaholic." *Forbes*, July 19, 2012. https://www. forbes. com/2007/10/03/work - workaholics - careers - entrepreneurs-cx_mf_1004workspouse. html#63db1bb32060.

7. C. W. (2014). "Proof That You Should Get a Life." *The Economist*, December 9,2014. https://www. economist. com/free-exchange/2014/12/09/proof-that-you-should-get-a-life.

8. Sugawara, Sho K., Tanaka, Satoshi, Okazaki, Shuntaro, et al. (2012). "Social Rewards Enhance Offline Improvements in Motor Skill." *PloS One*, 7(11), E48174.

9. Shenk, J. (2005). *Lincoln's Melancholy: How Depression Challenged a President and Fueled His Greatness*. Boston: Houghton Mifflin.

10. Gartner, J. (2005). *The Hypomanic Edge: The Link Between (a Little) Craziness and (a Lot of) Success in America*. New York: Simon & Schuster.

11. Goldman, B., Bush, P., and Klatz, R. (1984). *Death in the Locker Room: Steroids and Sports*. South Bend, IN: Icarus Press.

12. Ribeiro, Alex Dias. (2014). "Is There Life After Success?" *Wondering Fair*, August 11, 2014. https://wonderingfair. com/2014/08/11/is-there-life-after-success.

13. Papadaki, Evangelia. (2021). "Feminist Perspectives on Objectification." *The Stanford Encyclopedia of Philosophy* (Spring 2021 ed.), Edward N. Zalta (ed.). https://plato. stanford. edu/archives/spr2021/entries/feminism-objectification.

14. Marx, Karl. (1959). "Estranged Labour." In *Economic and Philosophic Manuscripts of* 1844. Moscow: Progress Publishers. https://www. marxists. org/archive/marx/works/1844/manuscripts/labour. htm.

15. Crone, Lola, Brunel, Lionel, and Auzoult, Laurent. (2021). "Validation of a Perception of Objectification in the Workplace Short Scale (POWS)." *Frontiers in Psychology* 12:651071.

16. Auzoult, Laurent, and Personnaz, Bernard. (2016). "The Role of Organizational Culture and Self-Consciousness in Self-Objectification in the Workplace." *Testing, Psychometrics, Methodology in Applied Psychology*, 23(3), 271-84.

17. Mercurio, Andrea E., and Landry, Laura J. (2008). "Self-Objectification and Well-Being: The Impact of Self-Objectification on Women's Overall Sense of Self-Worth and Life Satisfaction." *Sex Roles*, 58(7), 458-66.

18. Bell, Beth T., Cassarly, Jennifer A., and Dunbar, Lucy. (2018). "Selfie-Ob-

jectification: Self-Objectification and Positive Feedback ('Likes') Are Associated with Frequency of Posting Sexually Objectifying Self-Images on Social Media." *Body Image*, 26, 83-89.

19. Talmon, Anat, and Ginzburg, Karni. (2016). "The Nullifying Experience of Self-Objectification: The Development and Psychometric Evaluation of the Self-Objectification Scale." *Child Abuse and Neglect*, 60, 46-57; Muehlenkamp, Jennifer J., and Saris-Baglama, Renee N. (2002). "Self-Objectification and Its Psychological Outcomes for College Women." *Psychology of Women Quarterly*, 26(4), 371-79.

20. Quinn, Diane M., Kallen, Rachel W., Twenge, Jean M., and Fredrickson, Barbara L. (2006). "The Disruptive Effect of Self-Objectification on Performance." *Psychology of Women Quarterly*, 30(1), 59-64.

21. McLuhan, M. (1964). *Understanding Media: The Extensions of Man* (1st ed.). New York: McGraw-Hill.

22. Thomas Aquinas. (1920/2008). *Summa Theologica* (Fathers of the English Dominican Province, trans.; 2nd, rev. ed.). New Advent website, part 2, quest. 162, art. 1. https://www.newadvent.org/summa/3162.htm.

23. Canning, Raymond, trans. (1986). *The Rule of Saint Augustine.* Garden City, NY: Image Books, 56; Dwyer, Karen Kangas, and Davidson, Marlina M. (2012). "Is Public Speaking Really More Feared Than Death?" *Communication Research Reports*, 29(2), 99-107.

24. Croston, Glenn. (2012). "The Thing We Fear More Than Death." *Psychology Today*, November 29, 2012. https://www.psychologytoday.com/us/blog/the-real-story-risk/201211/the-thing-we-fear-more-death.

25. "2018 Norwest CEO Journey Study." (2018). Norwest Venture Partners website, August 22, 2018. https://nvp.com/ceojourneystudy/#fear-of-failure.

26. Rousseau, Jean-Jacques. (1904). *The Confessions of Jean Jacques Rousseau: Now for the First Time Completely Translated into English Without Expurgation.* Edinburgh: Oliver and Boyd, 86.

27. Schultheiss, Oliver C., and Brunstein, Joachim C. (2010). Implicit Motives. New York and Oxford: Oxford University Press, 30.

28. Schopenhauer, A., and Payne, E. (1974). *Parerga and Paralipomena: Short Philosophical Essays.* Oxford: Clarendon Press.

29. Lyubomirsky, Sonja, and Ross, Lee. (1997). "Hedonic Consequences of Social

Comparison." *Journal of Personality and Social Psychology*,73(6),1141-57.

30. 很抱歉混合了这么多隐喻,也许隐喻就是我的藤壶。

第四章　放下身外之物

1. 显然,东方哲学不一定就与东方现代的生活方式相匹配。中国和印度同样存在物质主义和欲壑难填的问题,就像西方一样。

2.《道德经》,第 37 章。

3. Forbes,R.(2019)."My Father,Malcolm Forbes:A Never-Ending Adventure." *Forbes*, August 19, 2019. https://www.forbes.com/sites/forbes digitalcovers/2019/08/19/my-father-malcolm-forbes-a- never-ending-adventure/?sh=4e80c42219fb.

4. 具有讽刺意味的是,这个贫穷的无名小卒死后成为西方世界最伟大的哲学家之一。几个世纪以来,他的著作树立了教会教义,并引领了西方的思潮。作为无与伦比的原创杰作,直到今日,他的大量著作仍然是人们的研究对象。他的著作始终与古希腊的根源联系在一起——正是他,将原本默默无闻的亚里士多德推上今天的突出地位。

5. 对托马斯得出这一结论影响最大的是神学家和天主教主教罗伯特·巴伦。Barron,Robert E.(2011). *Catholicism:A Journey to the Heart of the Faith.* New York:Random House,43.

6. Barron. *Catholicism*,43.

7. 我怀着同情和谦卑的心情写下这段文字。我自己的博士论文,涉及对交响乐团的经济策略进行定量建模的部分早已被人遗忘。强迫人们阅读它简直是违反日内瓦公约。

8. Cannon,W.(1932). *The Wisdom of the Body*. Human Relations Collection. New York:W. W. Norton & Company.

9. Swallow,S.,and Kuiper,N.(1988)."Social Comparison and Negative Self-Evaluations:An Application to Depression." *Clinical Psychology Review*,8(1),55-76.

10. Lyubomirsky,S.(1995)."The Hedonic Consequences of Social Comparison:Implications for Enduring Happiness and Transient Mood." *Dissertation Abstracts International:Section B,The Sciences and Engineering*,55(10-B),4641.

11. Kahneman,D.,and Tversky,A.(1979)."Prospect Theory:An Analysis of Decision under Risk." *Econometrica*,47,263-91.

12. Gill,D.,and Prowse,V.(2012)."A Structural Analysis of Disappointment Aversion in a Real Effort Competition." *American Economic Review*,102(1),469-503.

13. Shaffer, Howard J. (2017). "What Is Addiction?" Harvard Health website, June 20, 2017. https://www.health.harvard.edu/blog/what-is-addiction-2-2017061914490.

14. Tobler, P. (2009). "Behavioral Functions of Dopamine Neurons." In *Dopamine Handbook*. New York: Oxford University Press, ch. 6.4.

15. Gibbon, E. (1906). *The History of the Decline and Fall of the Roman Empire*. London: Oxford University Press.

16. Senior, J. (2020). "Happiness Won't Save You." *The New York Times*, November 24, 2020. https://www.nytimes.com/2020/11/24/opinion/happiness-depression-suicide-psychology.html.

17. Au-Yeung, Angel, and Jeans, David. (2020). "Tony Hsieh's American Tragedy: The Self-Destructive Last Months of the Zappos Visionary." *Forbes*, December 7, 2020. https://www.forbes.com/sites/angelauyeung/2020/12/04/tony-hsiehs-american-tragedy-the-self-destructive-last-months-of-the-zappos-visionary/?sh=64c29a0f4f22; Henry, Larry. (2020). "Tony Hsieh Death: Report Says Las Vegas Investor Threatened Self-Harm Months Before—Casino.org Caller Phones 911 Months Before Las Vegas Investor Tony Hsieh's Death in Effort to Help: Report." Casino.org website, December 19, 2020. https://www.casino.org/news/caller-phones-911-months-before-las-vegas-investor-tony-hsiehs-death-in-effort-to-help-report.

18. Cutler, Howard C. (1998). *The Art of Happiness: A Handbook for Living*. New York: Riverhead Books, 27.

19. Escrivá, Josemaría. "The Way, Poverty." Josemaría Escrivá: A Website Dedicated to the Writings of Opus Dei's Founder. http://www.escrivaworks.org/book/the_way-point-630.htm.

20. Sinek, Simon. (2009). *Start with Why*. New York: Portfolio.

21. Sullivan, J., Thornton Snider, J., Van Eijndhoven, E., et al. (2018). "The Well-Being of Long-Term Cancer Survivors." *American Journal of Managed Care*, 24 (4), 188-95.

22. Wallis, Glenn. (2004). *The Dhammapada: Verses on the Way*. New York: Modern Library, 70.

23. Voltaire, François. (2013). *Candide, Or Optimism*. London: Penguin Books Limited.

24. Hanh, Thich Nhat. (1987). *The Miracle of Mindfulness: A Manual on Meditati-*

on (Gift ed.). Boston:Beacon Press.

25. Bowerman,Mary. (2017). "These Are the Top 10 Bucket List Items on Singles' Lists." *USA Today*, May 18, 2017. https://www.usatoday.com/story/life/nation-now/2017/05/15/these-top-10-bucket-list-items-singles-lists/319931001.

第五章　思考人终有一死

1. Becker,Ernest. (1973). *The Denial of Death.* New York:Free Press,17.

2. "America's Top Fears 2016--Chapman University Survey of American Fears." (2016). *The Voice of Wilkinson* (blog), Chapman University, October 11, 2016. https://blogs.chapman.edu/wilkinson/2016/10/11/americas-top-fears-2016.

3. Hoelter,Jon W., and Hoelter, Janice A. (1978). "The Relationship Between Fear of Death and Anxiety." *The Journal of Psychology*,99(2),225-26.

4. Cave,Stephen. (2011). *Immortality:The Quest to Live Forever and How It Drives Civilization* (1st ed.). New York:Crown,23.

5. Mosley,Leonard. (1985). *Disney's World:A Biography.* New York:Stein and Day,123.

6. Laderman,G. (2000). "The Disney Way of Death." *Journal of the American Academy of Religion*,68(1),27-46.

7. Barroll,J. L. (1958). "Gulliver and the Struldbruggs." *PMLA*,73(1),43-50.

8. Homer. (1990). *The Iliad* (Robert Fagles,trans.). New York:Viking.

9. Marcus Aurelius. (1912). *The Thoughts of the Emperor Marcus Aurelius Antoninus* (George Long,trans.). London:Macmillan,8. 25.

10. Brooks,David. (2015). *The Road to Character.* New York:Penguin Random House.

11. Kalat,James W. (2021.) *Introduction to Psychology.* United States:Cengage Learning.

12. Böhnlein,Joscha,Altegoer,Luisa,Muck,Nina Kristin,et al. (2020). "Factors Influencing the Success of Exposure Therapy for Specific Phobia: A Systematic Review." *Neuroscience and Biobehavioral Reviews*,108,796-820.

13. Goranson,Amelia,Ritter,Ryan S.,Waytz,Adam,et al. (2017). "Dying Is Unexpectedly Positive." *Psychological Science*,28(7),988-99.

14. Montaigne,Michel. (2004). *The Complete Essays.* London:Penguin Books Limited,89.

15. Forster, E. M. (1999). *Howards End*. New York: Modern Library.

16. García Márquez, Gabriel. (2005). *Memories of My Melancholy Whores* (Edith Grossman, trans; 1st ed.). New York: Knopf.

第六章 在爱中重建关系

1. Kilmer, Joyce. (1914). *Trees and Other Poems*. New York: George H. Doran Company.

2. Psalms 1:3 (King James Version).

3. Mineo, Liz. (2018). "Good Genes Are Nice, but Joy Is Better." *Harvard Gazette*, November 26, 2018. https://news.harvard.edu/gazette/story/2017/04/over-nearly-80-years-harvard-study-has-been-showing-how-to-live-a-healthy-and-happy-life.

4. Vaillant, George E. (2002). *Aging Well: Surprising Guideposts to a Happier Life from the Landmark Harvard Study of Adult Development* (1st ed.). New York: Little, Brown, 202.

5. Vaillant, George E., and Mukamal, Kenneth. (2001). "Successful Aging." *American Journal of Psychiatry*, 158(6), 839-47.

6. Vaillant, George E. (2012). *Triumphs of Experience: The Men of the Harvard Grant Study*. Cambridge, MA: Belknap Press of Harvard University Press, 52.

7. Vaillant. *Triumphs of Experience*, 50.

8. Tillich, Paul. (1963). *The Eternal Now*. New York: Scribner.

9. Wolfe, Thomas. (1962). *The Thomas Wolfe Reader* (C. Hugh Holman, ed.). New York: Scribner.

10. Cacioppo, John T., Hawkley, Louise C., Norman, Greg J., and Berntson, Gary G. (2011). "Social Isolation." *Annals of the New York Academy of Sciences*, 1231(1), 17-22; Rokach, Ami. (2014). "Leadership and Loneliness," *International Journal of Leadership and Change*, 2(1), article 6.

11. Hertz, Noreena. (2021). *The Lonely Century: How to Restore Human Connection in a World That's Pulling Apart* (1st U.S. ed.). New York: Currency; Holt-Lunstad, J., Smith, T., Baker, M., et al. (2015). "Loneliness and Social Isolation as Risk Factors for Mortality: A Meta-Analytic Review." *Perspectives on Psychological Science*, 10(2), 227-37.

12. Murthy, Vivek Hallegere. (2020). *Together: The Healing Power of Human Con-*

nection in a Sometimes Lonely World (1st ed.). New York: Harper Wave.

13. "The 'Loneliness Epidemic.'" (2019). U. S. Health Resources and Services Administration website, January 10, 2019. https://www.hrsa.gov/enews/past-issues/2019/january-17/loneliness-epidemic.

14. "Loneliness Is at Epidemic Levels in America." Cigna website. https://www.cigna.com/about-us/newsroom/studies-and-reports/combatting-loneliness.

15. Segel-Karpas, Dikla, Ayalon, Liat, and Lachman, Margie E. (2016). "Loneliness and Depressive Symptoms: The Moderating Role of the Transition into Retirement." *Aging and Mental Health*, 22(1), 135-40.

16. Achor, S., Kellerman, G. R., Reece, A., and Robichaux, A. (2018). "America's Loneliest Workers, According to Research." *Harvard Business Review*, March 19, 2018, 2-6.

17. Keefe, Patrick Radden, Ioffe, Julia, Collins, Lauren, et al. (2017). "Anthony Bourdain's Moveable Feast." *The New Yorker*, February 5, 2017. https://www.newyorker.com/magazine/2017/02/13/anthony-bourdains- moveable-feast.

18. Almario, Alex. (2018). "The Unfathomable Loneliness." *Medium*, June 13, 2018. https://medium.com/@AlexAlmario/the-unfathomable-loneliness-df909556d50d.

19. Cacioppo, John T., and Patrick, William. (2008). *Loneliness: Human Nature and the Need for Social Connection* (1st ed.). New York: W. W. Norton.

20. Schawbel, Dan. (2018). "Why Work Friendships Are Critical for LongTerm Happiness." CNBC, November 13, 2018. https://www.cnbc.com/2018/11/13/why-work-friendships-are-critical-for-long-term-happiness.html. Dan 是 Future Workplace 的合伙人和研究总监。

21. Saporito, Thomas J. (2014). "It's Time to Acknowledge CEO Loneliness." *Harvard Business Review*, July 23, 2014. https://hbr.org/2012/02/its-time-to-acknowledge-ceo-lo.

22. Fernet, Claude, Torrès, Olivier, Austin, Stéphanie, and St-Pierre, Josée. (2016). "The Psychological Costs of Owning and Managing an SME: Linking Job Stressors, Occupational Loneliness, Entrepreneurial Orientation, and Burnout." *Burnout Research*, 3(2), 45-53.

23. Kahneman, Daniel, Krueger, Alan B., Schkade, David A., et al. (2004). "A Survey Method for Characterizing Daily Life Experience: The Day Reconstruction Meth-

od." *Science*,306(5702),1776-80.

24. Kipnis,David. (1972). "Does Power Corrupt?" *Journal of Personality and Social Psychology*,24(1),33-41.

25. Mao,Hsiao-Yen. (2006). "The Relationship Between Organizational Level and Workplace Friendship." *International Journal of Human Resource Management*, 17(10),1819-33.

26. Cooper,Cary L. ,and Quick,James Campbell. (2003). "The Stress and Loneliness of Success." *Counselling Psychology Quarterly*,16(1),1-7.

27. Riesman,David,Glazer,Nathan,Denney,Reuel,and Gitlin,Todd. (2001). *The Lonely Crowd.* New Haven:Yale University Press.

28. Rokach. "Leadership and Loneliness."

29. Payne,K. K. (2018). "Charting Marriage and Divorce in the U. S. :The Adjusted Divorce Rate." National Center for Family and Marriage Research. https://doi.org/10.25035/ncfmr/adr-2008-2017; Amato,Paul R. (2010). "Research on Divorce:Continuing Trends and New Developments." *Journal of Marriage and Family*,72(3),650-66.

30. Waldinger,Robert J. ,and Schulz,Marc S. (2010). "What's Love Got to Do with It? Social Functioning,Perceived Health,and Daily Happiness in Married Octogenarians." *Psychology and Aging*,25(2),422-31.

31. Finkel,E. J. ,Burnette,J. L. ,and Scissors,L. E. (2007). "Vengefully Ever After:Destiny Beliefs,State Attachment Anxiety,and Forgiveness." *Journal of Personality and Social Psychology*,92(5),871-86.

32. Aron,Arthur,Fisher,Helen,Mashek,Debra J. ,et al. (2005). "Reward,Motivation,and Emotion Systems Associated with Early-Stage Intense Romantic Love." *Journal of Neurophysiology*,94(1),327-37.

33. Kim,Jungsik,and Hatfield,Elaine. (2004). "Love Types and Subjective Well-Being:A Cross-Cultural Study." *Social Behavior and Personality*,32(2),173-82.

34. "Companionate Love" (2016). Psychology. IResearchNet website,January 23,2016. http://psychology.iresearchnet.com/social-psychology/interpersonal-relationships/companionate-love.

35. Grover,Shawn,and Helliwell,John F. (2019). "How's Life at Home? New Evidence on Marriage and the Set Point for Happiness." *Journal of Happiness Studies*,20

(2),373-90.

36. "Coolidge Effect." (n. d.). Oxford Reference website. https://www. oxfordreference. com/view/10. 1093/oi/authority. 20110803095637122.

37. Blanchflower, D. G. , and Oswald, A. J. (2004). "Money, Sex and Happiness: An Empirical Study." *Scandinavian Journal of Economics*, 106, 393-415.

38. Birditt, Kira S. , and Antonucci, Toni C. (2007). "Relationship Quality Profiles and Well-Being Among Married Adults." *Journal of Family Psychology*, 21(4), 595-604.

39. Adams, Rebecca G. (1988). "Which Comes First: Poor Psychological Well-Being or Decreased Friendship Activity?" *Activities, Adaptation, and Aging*, 12(1-2), 27-41.

40. Dykstra, P. A. , and de Jong Gierveld, J. (2004). "Gender and Marital-History Differences in Emotional and Social Loneliness among Dutch Older Adults." *Canadian Journal on Aging*, 23, 141-55.

41. Pinquart, M. , and Sorensen, S. (2000). "Influences of Socioeconomic Status, Social Network, and Competence on Subjective Well-Being in Later Life: A Meta-Analysis." *Psychology and Aging*, 15, 187-224.

42. Fiori, Katherine L. , and Denckla, Christy A. (2015). "Friendship and Happiness Among Middle-Aged Adults." In Melikşah Demir (ed.), *Friendship and Happiness*. Dordrecht: Springer Netherlands, 137-54.

43. Cigna. (2018). 2018 *Cigna U. S. Loneliness Index*. Cigna website, Studies and Reports, May 1, 2018. https://www. multivu. com/players/English/8294451 - cigna - us-loneliness-survey/docs/ IndexReport_1524069 371598-173525450. pdf.

44. Leavy, R. L. (1983). "Social Support and Psychological Disorder: A Review." *Journal of Community Psychology*, 11(1), 3-21.

45. Leavy. "Social Support and Psychological Disorder: A Review," 3-21.

46. Cohen, S. (1988). "Psychosocial Models of the Role of Social Support in the Etiology of Physical Disease." *Health Psychology*, 7, 269-97; House, J. S. , Landis, K. R. , and Umberson, D. (1988). "Social Relationships and Health." *Science*, 241 (4865), 540-45.

47. Carstensen, Laura L. , Isaacowitz, Derek M. , and Charles, Susan T. (1999). "Taking Time Seriously." *The American Psychologist*, 54(3), 165-81.

48. Golding, Barry, ed. (2015). *The Men's Shed Movement: The Company of Men*.

Champaign, IL: Common Ground Publishing.

49. Fallik, Dawn. (2018). "What to Do About Lonely Older Men? Put Them to Work." *The Washington Post*, June 24, 2018. https://www.washingtonpost.com/national/health-science/what-to-do-about-lonely-older-men-put-them-to-work/2018/06/22/0c07efc8-53ab-11e8-a551-5b648abe29ef_story.html.

50. Christensen, Clayton M., Dillon, Karen, and Allworth, James. (2012). *How Will You Measure Your Life?* (1st ed.). New York: Harper Business.

51. Niemiec, C., Ryan, R., and Deci, E. (2009). "The Path Taken: Consequences of Attaining Intrinsic and Extrinsic Aspirations in Post-College Life." *Journal of Research in Personality*, 43(3), 291-306.

52. Thoreau, H., Sanborn, F., Scudder, H., Blake, H., and Emerson, R. (1894). *The Writings of Henry David Thoreau: With Bibliographical Introductions and Full Indexes. In ten volumes* (Riverside ed., vol. 7). Boston and New York: Houghton Mifflin, 42-43.

第七章 进入你的林栖期

1. 梵文: वनपरसथ.

2. Fowler, James W. (1981). *Stages of Faith: The Psychology of Human Development and the Quest for Meaning* (1st ed.). San Francisco: Harper & Row.

3. Fowler, James W. (2001). "Faith Development Theory and the Postmodern Challenges." *International Journal for the Psychology of Religion*, 11(3), 159-72; Jones, J. M. (2020). "U. S. Church Membership Down Sharply in Past Two Decades." Gallup, November 23, 2020. https://news.gallup.com/poll/248837/church-membership-down-sharply-past-two-decades.aspx.

4. Miller, W. R., and Thoresen, C. E. (1999). "Spirituality and Health." In W. R. Miller (ed.), *Integrating Spirituality into Treatment: Resources for Practitioners*. Washington, DC: American Psychological Association, 3-18.

5. Gardiner, J. (2013). *Bach: Music in the Castle of Heaven* (1st U. S. ed.). New York: Knopf, 126.

6. Saraswati, Ambikananda. (2002). *The Uddhava Gita*. Berkeley, CA: Seastone.

7. Koch, S., ed. (1959). *Psychology: A Study of a Science: Vol. 3. Formulations of the Person and the Social Context*. New York: McGraw-Hill.

8. Pew Research. (2020). "'Nones' on the Rise." https://www.pewforum.org/

2012/10/09/nones-on-the-rise.

9. Scriven, Richard. (2014). "Geographies of Pilgrimage: Meaningful Movements and Embodied Mobilities." *Geography Compass*, 8(4), 249- 61.

10. Santiago de Compostela Pilgrim Office (n. d.). "Statistical Report—2019." https://oficinadelperegrino.com/estadisticas.

11. Hahn, T. N., and Lion's Roar. (2019). *Thich Nhat Hanh on Walking Meditation*. Lion's Roar. https://www.lionsroar.com/how-to-meditate-thich-nhat-hanh-on-walking-meditation.

12. Koyama, Kosuke. (1980). *Three Mile an Hour God*. Maryknoll, NY: Orbis Books.

13. Aksapūda. (2019). *The Analects of Rumi*. Self-published, 82.

第八章　化脆弱为力量

1. 2 Corinthians 12:7-10 (NASB).

2. 最著名的圣痕案例来自毕奥神父,他也被称为皮耶特雷尔奇纳的圣毕奥。这位20世纪的天主教神秘主义者,一生绝大部分时间都背负着圣痕。人们相信保罗也有圣痕,证据出自《加拉太书》6:17,在那里他写道:"我身上带着耶稣的印记。"

3. Landsborough, D. (1987). "St. Paul and Temporal Lobe Epilepsy." *Journal of Neurology, Neurosurgery and Psychiatry*, 50(6), 659-64.

4. 2 Timothy 4:10-16 (NASB).

5. Welborn, L. (2011). "Paul and Pain: Paul's Emotional Therapy in 2 Corinthians 1. 1-2. 13; 7. 5-16 in the Context of Ancient Psychagogic Literature." *New Testament Studies*, 57(4), 547-70.

6. 2 Corinthians 2:4 (NASB).

7. Thorup, C. B., Rundqvist, E., Roberts, C., and Delmar, C. (2012). "Care as a Matter of Courage: Vulnerability, Suffering and Ethical Formation in Nursing Care." *Scandinavian Journal of Caring Sciences*, 26(3), 427-35.

8. Lopez, Stephanie O. (2018). "Vulnerability in Leadership: The Power of the Courage to Descend." *Industrial- Organizational Psychology Dissertations*, 16.

9. Peck, Edward W. D. (1998). "Leadership and Defensive Communication: A Grounded Theory Study of Leadership Reaction to Defensive Communication." Dissertation, University of British Columbia. http://dx.doi.org/10.14288/1.0053974.

10. Fitzpatrick, Kevin. (2019). "Stephen Colbert's Outlook on Grief Moved Anderson Cooper to Tears." *Vanity Fair*, August 16, 2019. https://www.vanityfair.com/hollywood/2019/08/colbert-anderson-cooper-father-grief-tears.

11. Frankl, V. (1992). *Man's Search for Meaning: An Introduction to Logotherapy* (4th ed.). Boston: Beacon Press.

12. Freud, S. (1922). "Mourning and Melancholia." *The Journal of Nervous and Mental Disease*, 56(5), 543-45.

13. Bonanno, G. (2004). "Loss, Trauma, and Human Resilience." *American Psychologist*, 59(1), 20-28.

14. Helgeson, V., Reynolds, K., and Tomich, P. (2006). "A Meta-Analytic Review of Benefit Finding and Growth." *Journal of Consulting and Clinical Psychology*, 74(5), 797-816.

15. Andrews, Paul W., and Thomson, J. Anderson. (2009). "The Bright Side of Being Blue." *Psychological Review*, 116(3), 620-54. https://doi.org/10.1037/a0016242.

16. University of Alberta. (2001). "Sad Workers May Make Better Workers." *ScienceDaily*, June 14, 2001. www.sciencedaily.com/releases/2001/06/010612065304.htm.

17. Baumeister, Roy F., Vohs, Kathleen D., Aaker, Jennifer L., and Garbinsky, Emily N. (2013). "Some Key Differences Between a Happy Life and a Meaningful Life." *The Journal of Positive Psychology*, 8(6), 505-16.

18. Lane, David J., and Mathes, Eugene W. (2018). "The Pros and Cons of Having a Meaningful Life." *Personality and Individual Differences*, 120, 13-16.

19. Saunders, T., Driskell, J. E., Johnston, J. H., and Salas, E. (1996). "The Effect of Stress Inoculation Training on Anxiety and Performance." *Journal of Occupational Health Psychology*, 1(2), 170-86.

20. McCabe, B. (2004). "Beethoven's Deafness." *Annals of Otology, Rhinology and Laryngology*, 113(7), 511-25.

21. Saccenti, E., Smilde, A., and Saris, W. (2011). "Beethoven's Deafness and His Three Styles." *BMJ*, 343(7837), D7589.

22. Saccenti, Smilde, and Saris. "Beethoven's Deafness and His Three Styles," D7589.

23. Austin, Michael. (2003). "Berlioz and Beethoven." The Hector Berlioz web-

site, January 12, 2003. http://www.hberlioz.com/Predecessors/beethoven.htm.

第九章　中年转型没那么难

1. Blauw, A., Benincà, E., Laane, R., et al. (2012). "Dancing with the Tides: Fluctuations of Coastal Phytoplankton Orchestrated by Different Oscillatory Modes of the Tidal Cycle." *PLoS One* 7(11), E49319.

2. Dante Alighieri. (1995). *The Divine Comedy* (A. Mandelbaum, trans.). London: David Campbell.

3. Ibarra, H., and Obodaru, O. (2016). "Betwixt and Between Identities: Liminal Experience in Contemporary Careers." *Research in Organizational Behavior*, 36, 47-64.

4. Feiler, B. (2020). *Life Is in the Transitions*. New York: Penguin Books.

5. Brooks, Arthur (host). (2020). "Managing Transitions in Life." In *The Art of Happiness with Arthur Brooks*, Apple Podcasts, August 4, 2020. https://podcasts.apple.com/us/podcast/managing-transitions-in-life/id1505581039?i=100048708 1784.

6. Hammond, M., and Clay, D. (2006). *Meditations*. London: Penguin Books Limited, 24.

7. Conroy, S., and O'Leary-Kelly, A. (2014). "Letting Go and Moving On: Work-Related Identity Loss and Recovery." *The Academy of Management Review*, 39(1), 67-87.

8. Ibarra and Obodaru. "Betwixt and Between Identities," 47-64.

9. Walker, W. Richard, Skowronski, John J., and Thompson, Charles P. (2003). "Life Is Pleasant-and Memory Helps to Keep It That Way." *Review of General Psychology*, 7(2), 203-10.

10. Baumeister, Roy F., Vohs, Kathleen D., Aaker, Jennifer L., and Garbinsky, Emily N. (2013). "Some Key Differences Between a Happy Life and a Meaningful Life." *The Journal of Positive Psychology*, 8(6), 505-16.

11. Baumeister, R. (1991). *Meanings of Life*. New York: Guilford Press.

12. Andreasen, N. C. (2008). "The Relationship Between Creativity and Mood Disorders." *Dialogues in Clinical Neuroscience*, 10(2), 251-55; Garcia, E. E. (2004). "Rachmaninoff and Scriabin: Creativity and Suffering in Talent and Genius." *The Psychoanalytic Review*, 91(3), 423-42.

13. Emerson, R. W. (2001). *The Later Lectures of Ralph Waldo Emerson*, 1843-

1871: *Vol.* 1. 1843-1854 (R. A. Bosco and J. Myerson, eds.). Athens: University of Georgia Press; Oxford Scholarly Editions Online (2018). doi: 10. 1093/actrade/9780820334622. book. 1.

14. Sheehy, G. (1976). *Passages: Predictable Crises of Adult Life* (1st ed.). New York: Dutton.

15. Sheehy, *Passages*, 400.

16. Cook, Joan. (1971). "The Male Menopause: For Some, There's 'a Sense of Panic,'" *The New York Times*, April 5, 1971. https://www. nytimes. com/1971/04/05/archives/the-male-menopause-for-some-theres-a-sense-of-panic. html.

17. Jaques, E. (1965). "Death and the Mid-Life Crisis." *The International Journal of Psychoanalysis*, 46(4), 502-14.

18. Druckerman, Pamela. (2018). "How the Midlife Crisis Came to Be." *The Atlantic*, May 29, 2018. https://www. theatlantic. com/family/archive/2018/05/the-invention-of-the-midlife-crisis/561203.

19. Modern Elder Academy. https://www. modernelderacademy. com.

20. 经许可使用。

21. Mischel, W., Ebbesen, E., and Raskoff Zeiss, A. (1972). "Cognitive and Attentional Mechanisms in Delay of Gratification." *Journal of Personality and Social Psychology*, 21(2), 204-18.

22. Mischel, Ebbesen, and Raskoff Zeiss. "Cognitive and Attentional Mechanisms in Delay of Gratification," 204-18.

23. Urist, Jacoba. (2014). "What the Marshmallow Test Really Teaches About Self-Control." *The Atlantic*, September 24, 2014. https://www. theatlantic. com/health/archive/2014/09/what-the-marshmallow-test-really-teaches-about-self-control/380673.

24. Emerson, R. (1979). *The Collected Works of Ralph Waldo Emerson: Vol. 2. Essays: First Series* (J. Carr, A. Ferguson, and J. Slater, eds.). Cambridge, MA: Belknap Press of Harvard University Press.

25. Jachimowicz, Jon, To, Christopher, Menges, Jochen, and Akinola, Modupe. (2017). "Igniting Passion from Within: How Lay Beliefs Guide the Pursuit of Work Passion and Influence Turnover." PsyArXiv, December 7, 2017. doi: 10. 31234/osf. io/qj6y9.

26. Izard, C. (n. d.). "Emotion Theory and Research: Highlights, Unanswered

Questions, and Emerging Issues." *Annual Review of Psychology*, 60(1), 1-25.

27. Patz, Alan L., Milliman, John, and Driver, Michael John. (1991). "Career Concepts and Total Enterprise Simulation Performance." *Developments in Business Simulation & Experiential Exercises*, 18.

28. Gaffney, P., and Harvey, A. (1992). *The Tibetan Book of Living and Dying* (1st ed.). San Francisco: HarperSanFrancisco.

结语 七字法则

1. Graves, Dan. "Augustine's Love Sermon." Christian History Institute website. https://christianhistoryinstitute.org/study/module/augustine.

2. Wallace, David Foster. (2009). *This Is Water: Some Thoughts, Delivered on a Significant Occasion, About Living a Compassionate Life* (1st ed.). New York: Little, Brown.

3. Deuteronomy 7:5 (NASB).